高等职业教育畜牧兽医专业“十四五”规划教材

肉羊标准化生产技术

主　编：廖云琼　康永刚　李明艳

副主编：熊忙利　李彦猛　任建存

西北农林科技大学出版社

·杨凌·

图书在版编目（CIP）数据

肉羊标准化生产技术 / 廖云琼, 康永刚, 李明艳主编. -- 杨凌 : 西北农林科技大学出版社, 2023.7
ISBN 978-7-5683-1233-2

Ⅰ. ①肉… Ⅱ. ①廖… ②康… ③李… Ⅲ. ①肉用羊—饲养管理 Ⅳ. ①S826.9

中国国家版本馆CIP数据核字(2023)第152846号

肉羊标准化生产技术

廖云琼　康永刚　李明艳　**主编**

出版发行	西北农林科技大学出版社		
地　　址	陕西杨凌杨武路3号	**邮　编**	712100
电　　话	总编室：029-87093195		发行部：029-87093302
电子邮箱	press0809@163.com		
印　　刷	陕西森奥印务有限公司		
版　　次	2023年7月第1版		
印　　次	2023年10月第1次印刷		
开　　本	787 mm × 1092 mm　1/16		
印　　张	11.25		
字　　数	286千字		

ISBN 978-7-5683-1233-2

定价：36.00元

《肉羊标准化生产技术》

编写人员名单

主　　编：廖云琼　康永刚　李明艳

副 主 编：熊忙利　李彦猛　任建存

编　　者（按姓名笔画为序）

马　锐（晋中职业技术学院）

李云让（宝鸡职业技术学院）

李明艳（青海大学农牧学院）

李彦猛（河北旅游职业学院）

任建存（杨凌职业技术学院）

刘研研（青海农牧科技职业学院）

陈西风（宁夏职业技术学院）

赵书臣（沧州职业技术学院）

康永刚（徐州生物工程职业技术学院）

廖云琼（徐州生物工程职业技术学院）

熊忙利（咸阳职业技术学院）

熊燊源（南阳科技职业学院）

企业指导（按姓名笔画为序）

刘　磊（江苏汉羊牧业生态科技有限公司）

张尊国（丰县得益养殖专业合作社）

肖艳芹（洪志养羊专业合作社）

内容简介

本教材是根据《国家职业教育改革实施方案》精神，以能力培养为目标，以工作任务为导向，结合肉羊生产岗位职业技能编写的工作手册式教材，内容包括羊场设计和规划、肉羊品种识别及鉴定、肉羊产肉性能、肉羊饲料加工、肉羊繁殖技术、肉羊管理技术、肉羊疾病诊治与防治共7个项目、31个任务。每个项目都提出了学习的技能目标和思政目标。

本教材内容实用，重点突出，特色鲜明，贴近生产，可以培养学生掌握肉羊生产所必需的专业技能，以及解决生产技术问题的能力。本教材适合高职高专畜牧兽医类专业学生使用，不同专业可以根据教学需要选择不同的项目和任务；也可作为肉羊养殖户（企业）、基层农技人员、畜牧技术推广人员，特别是初学肉羊养殖技术的人员用书。

前言 PREFACE

《国家职业教育改革实施方案》（国发〔2019〕4号）提出：建设一大批校企"双元"合作开发的国家规划教材，倡导使用新型活页式、工作手册式教材并配套开发信息化资源。活页式、手册式已经成为职业教育教材模式的关注热点。在政策的引领下，我们组织院校教师、企业专家共同编写了《肉羊标准化生产技术》工作手册式教材，本教材以能力培养为目标，以工作任务为导向，严格执行能力本位课程开发的核心技术路径，重点突出技术技能的应用，注重学生实践技能培养，力求使学生掌握岗位职业能力。

本教材为工作手册式教材，具有较强的针对性、实用性和应用性。内容由7个项目、31个任务组成，包括羊场设计和规划、肉羊品种识别及鉴定、肉羊产肉性能、肉羊饲料加工、肉羊繁殖技术、肉羊管理技术、肉羊疾病诊治与防治。

本教材适合高职高专畜牧兽医类专业学生使用，不同专业可以根据教学需要选择不同的项目和任务；也可作为肉羊养殖户（企业）、基层农技人员、畜牧技术推广人员，特别是初学肉羊养殖技术的人员使用。

本教材由职业院校教师、企业专家和技术人员共同编写。编写提纲由康永刚、廖云琼提出，全体参编人员讨论确定提纲后分工编写。本教材由康永刚（徐州生物工程职业技术学院）、廖云琼（徐州生物工程职业技术学院）、李明艳（青海大学农牧学院）担任主编，由熊忙利（咸阳职业技术学院）、李彦猛（河北旅游职业学院）、任建存（杨凌职业技术学院）担任副主编。参与本书编写的还有马锐（晋中职业技术学院）、李云让（宝鸡职业技术学院）、刘研研（青海农牧科技职业学院）、陈西风（宁夏职业技术学院）、赵书臣（沧州职业技术学院）、熊燊源（南阳科技职业学院）、刘磊（江苏汉羊牧业生态科技有限公司）、张尊国（丰县得益养殖专业合作社）、肖艳芹（洪志养羊专业合作社）。康永刚负责全书的统稿和修改。

本教材在编写过程中参考借鉴了部分职业标准和兄弟院校出版的教材，引用了文献的有关内容，除在参考文献中列出部分文献外，仍有部分文献未能一一列出，在此致谢！由于编写时间仓促和编者水平有限，书中难免有疏漏或不妥之处，恳请广大读者指正，以便及时修订。

编者

2023 年 3 月 15 日

目 录
CONTENTS

项目一 羊场设计和规划

项目目标：

◎掌握羊场场址选择要求

◎熟悉羊场各项生产设施布局

◎掌握羊舍的设计与建造要求

◎掌握羊场环境控制方法

思政目标：

◎培养学生爱岗敬业的职业素养

◎树立学生安全意识和规范意识

◎培养学生精益求精的工匠精神

◎培养学生的团队协作意识和沟通能力

任务一　羊场设计图的认识

任务导读

畜牧工作者在选择畜牧场场址时，除了进行现场勘查、调研外，还要审查建厂各项建筑设计图纸，判断（评价）畜牧场的设计是否合乎畜牧经营管理和环境卫生要求，以便向有关部门（人员）提出合理化建议，修正设计或施工方案。因此，我们有必要掌握识别图纸的知识。

一、地形图

地形图是地图的一种，它可表示地物的平面位置，地势高低起伏等地理状况。为了合理地利用地形和改造地形，以适应畜牧场的环境卫生要求，需要在地形图上对地形进行具体的分析研究。 地形图上需标明有分水线、地面水流方向、居民区、建筑用地、耕地、沼泽、河滩等。要经过野外实地调查后才能填绘。见图 1–1–1。

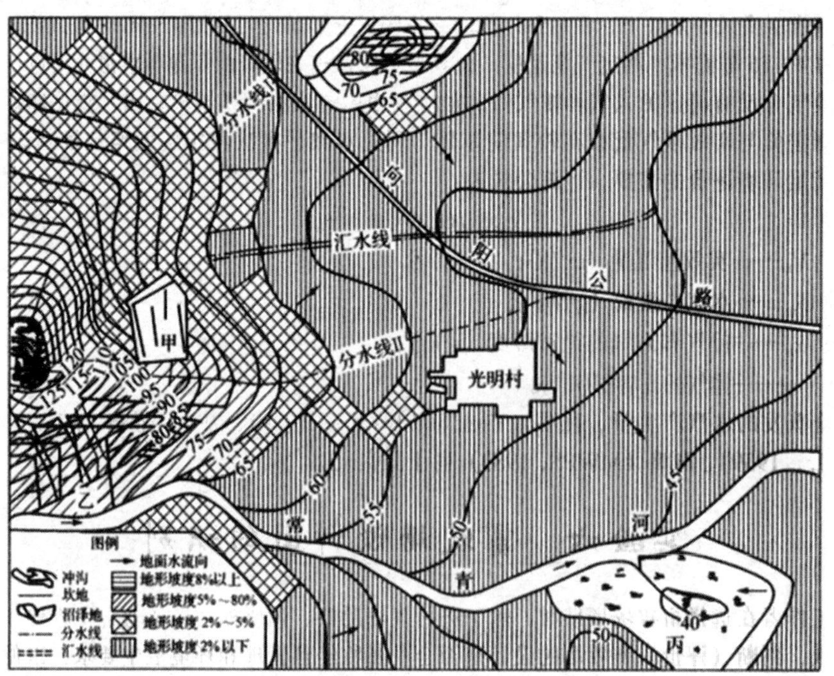

图 1–1–1　地形图（中国建筑工业出版社编辑部，中国建筑工业出版社，1983）

二、建筑施工图

建筑施工图是建筑施工时用的一种能够准确地表达出建筑物的外形轮廓、大小、尺寸、结构构造和材料做法的图样。

（一）总平面图

总平面图表示一个工程的总体布局，它主要表示原有和新建畜舍等的位置、标高、道路布置构筑物、地形、地貌等，作为新建牧场，建筑物的定性、建筑区的总体布局以及施工总平面布置的依据；用指北针表示房屋的朝向（图 1–1–2）；用风向玫瑰图表示常年风向频率和风速（图 1–1–3）。羊场所有建筑物的布局见图 1–1–4、图 1–1–5 和图 1–1–6。

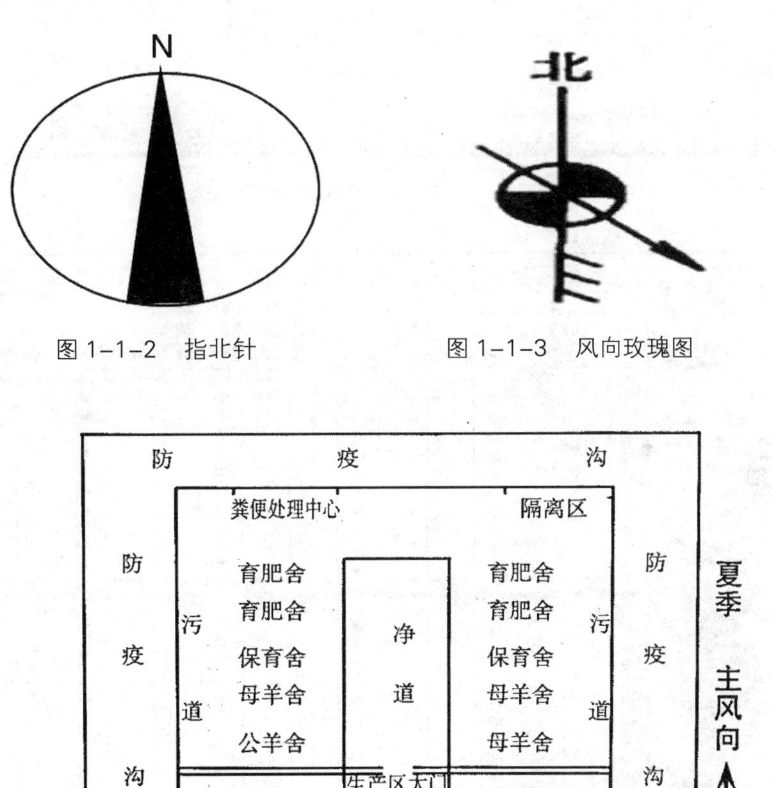

图 1–1–2　指北针

图 1–1–3　风向玫瑰图

图 1–1–4　羊场场区布局平面图（黄明睿等，江苏凤凰科学技术出版社，2016）

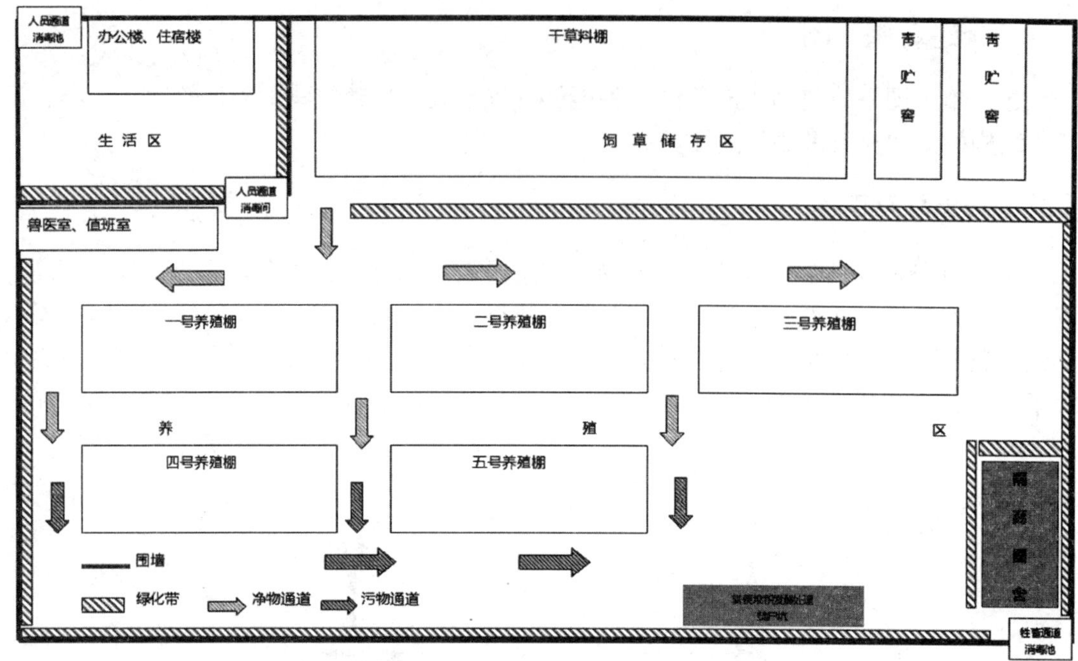

图 1-1-5　羊场场区布局平面图

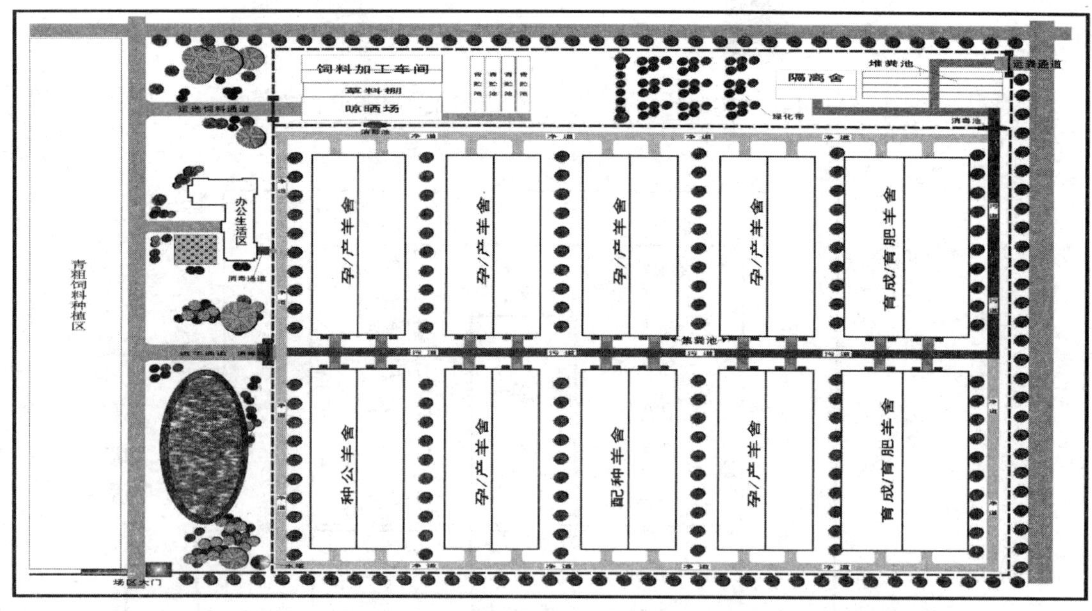

图 1-1-6　规模化羊场平面布局示意图（袁日进，江苏凤凰科学技术出版社，2020）

（二）平面图

畜舍的平面图，就是一栋畜舍的水平剖视图，即假想用一水平面把一栋畜舍的窗台以上部分切掉，切平以下部分的水平投影图。图中表示畜舍占地的面积，内部的分隔，房间的大小，走道、门、窗、台阶等局部位置和大小等。见图 1-1-7、图 1-1-8。

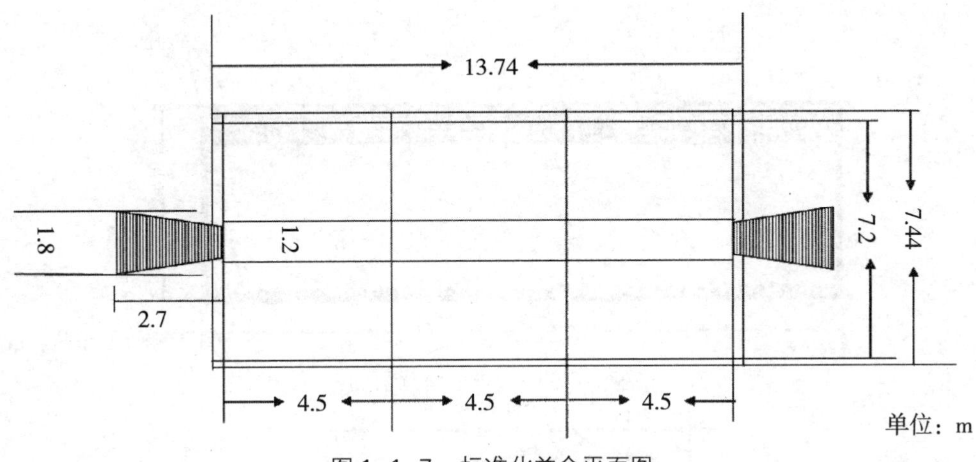

图 1–1–7　标准化羊舍平面图

每栋羊舍内如果建 4. 5 m 的羊圈 12 个，羊舍总长为 54 m。根据地块长度，可以增减羊圈数量。

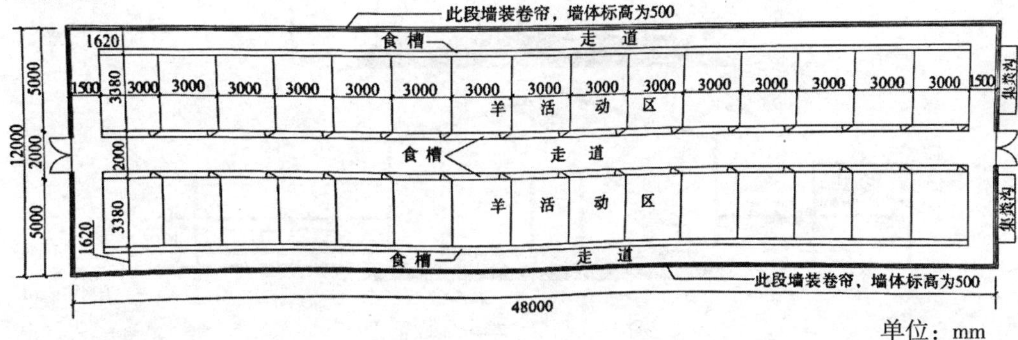

图 1–1–8　双列式羊舍平面示意图（袁日进，江苏凤凰科学技术出版社，2020）

（三）立面图

立面图是建筑物的正面投影图或侧面投影图，表示建筑物或设备的外观形式、尺寸、艺术造型、使用材料等情况，如畜舍长、宽、高尺寸，房顶的形式，门窗洞口的位置，外墙饰面材料及做法等等。立面图有正立面、侧立面和背立面图。见图 1–1–9、图 1–1–10、图 1–1–11。

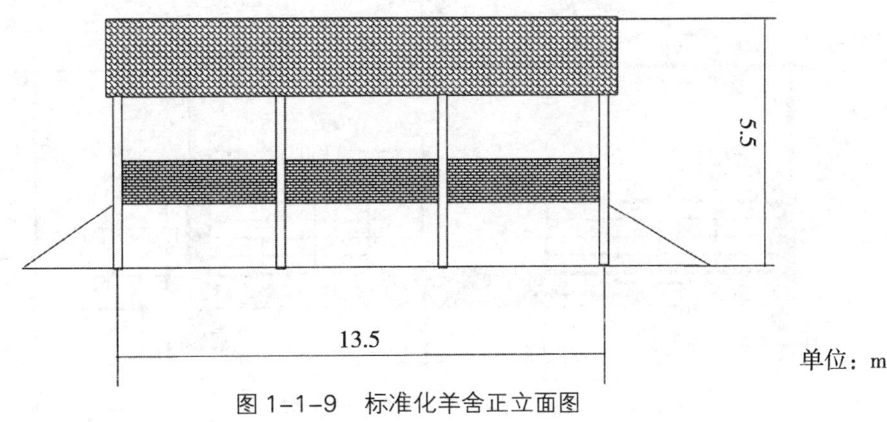

图 1–1–9　标准化羊舍正立面图

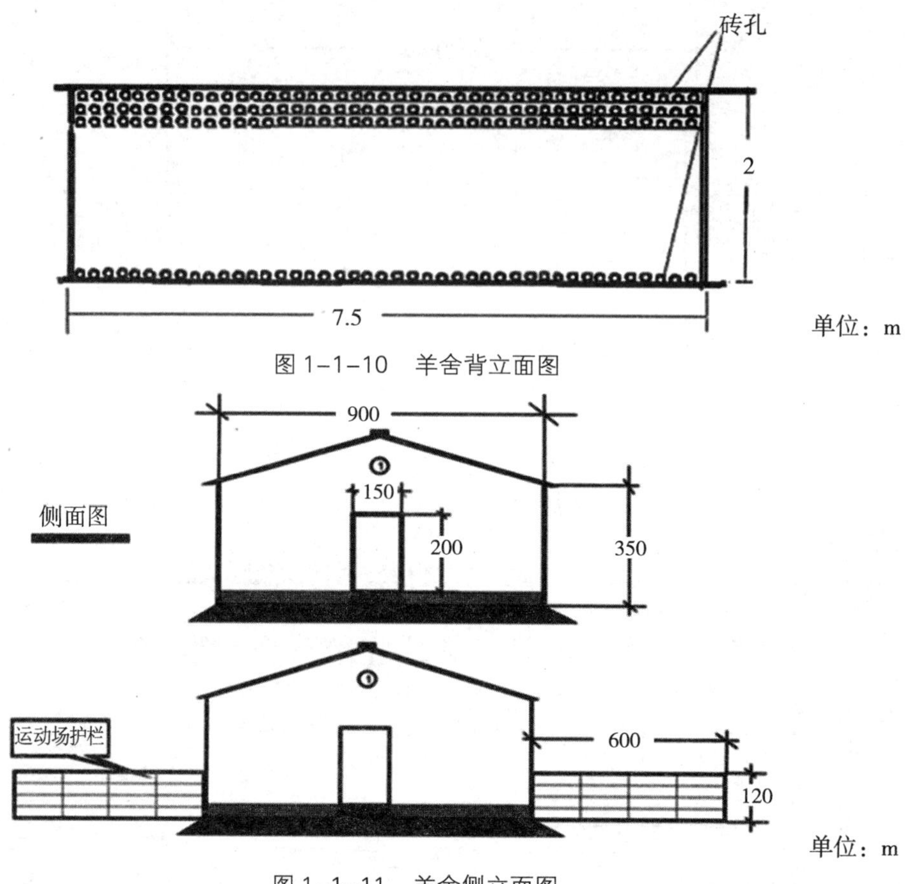

图 1–1–10　羊舍背立面图

图 1–1–11　羊舍侧立面图

（四）剖面图

剖面图有纵剖面、横剖面和其他角度的剖面图。纵剖面图是假想用一平面沿建筑物垂直方向切开，切开后的正立面投影图主要表明建筑物内部在高度方面的情况，如屋顶的坡度，房间和门窗各部分的高度，同时也可以表示出建筑所采用的形式。见图 1–1–12、图 1–1–13、图 1–1–14、图 1–1–15。

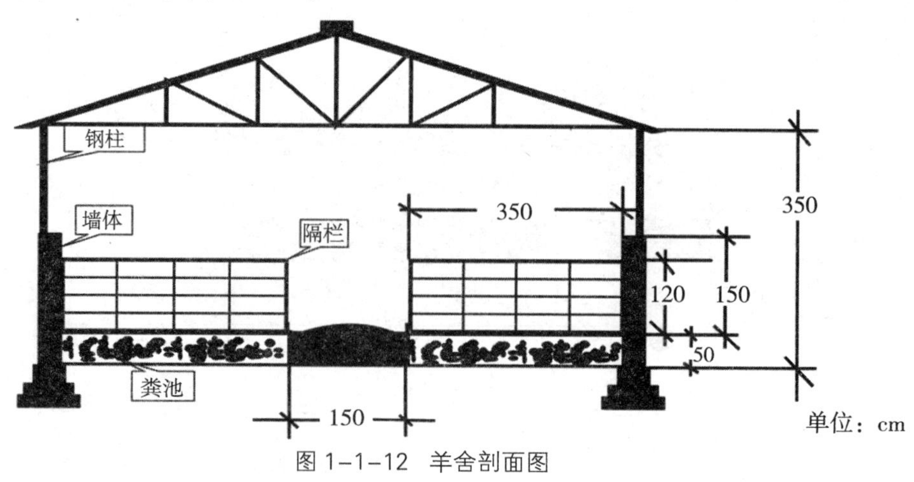

图 1–1–12　羊舍剖面图

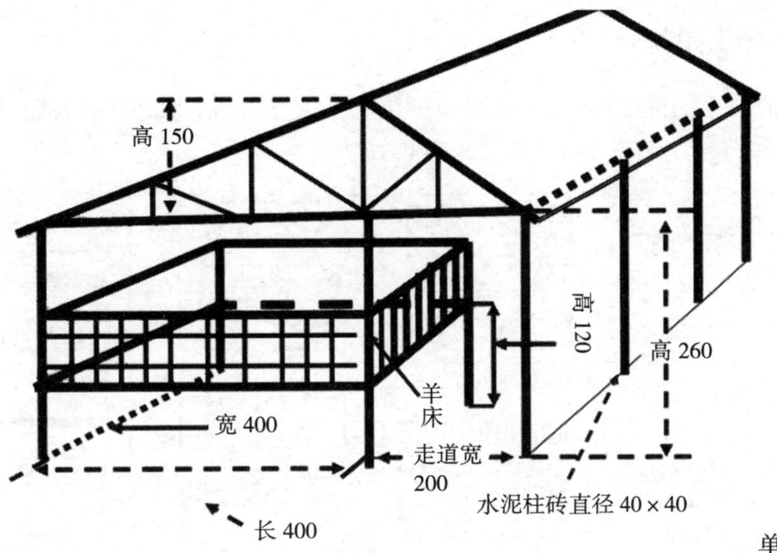

图 1-1-13　羊舍剖面图

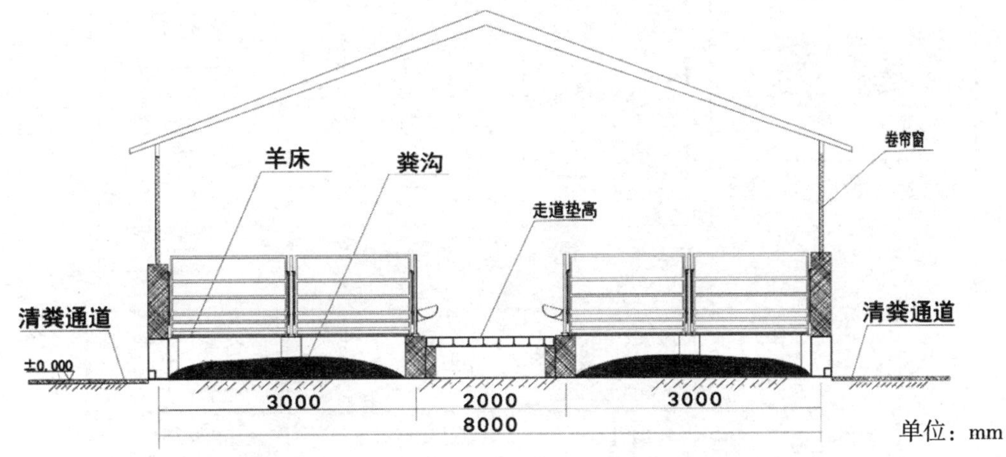

图 1-1-14　高架式羊床示意图（袁日进，江苏凤凰科学技术出版社，2020）

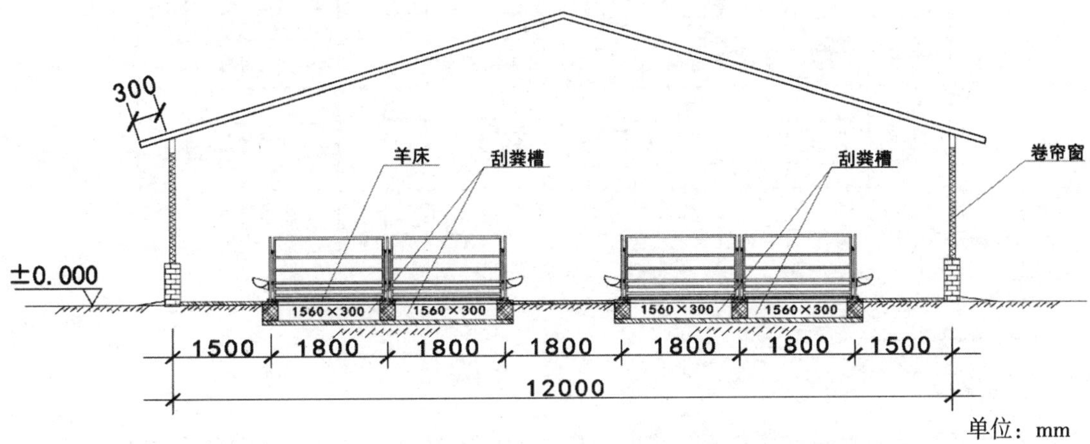

图 1-1-15 地面式羊床示意图（袁日进，江苏凤凰科学技术出版社，2020）

（五）施工图符号（图例）

在施工图上使用各种符号，可以减少注释的文字，使图纸更易阅读，因此看蓝图也必须熟悉这些符号。见图 1–1–16、图 1–1–17。

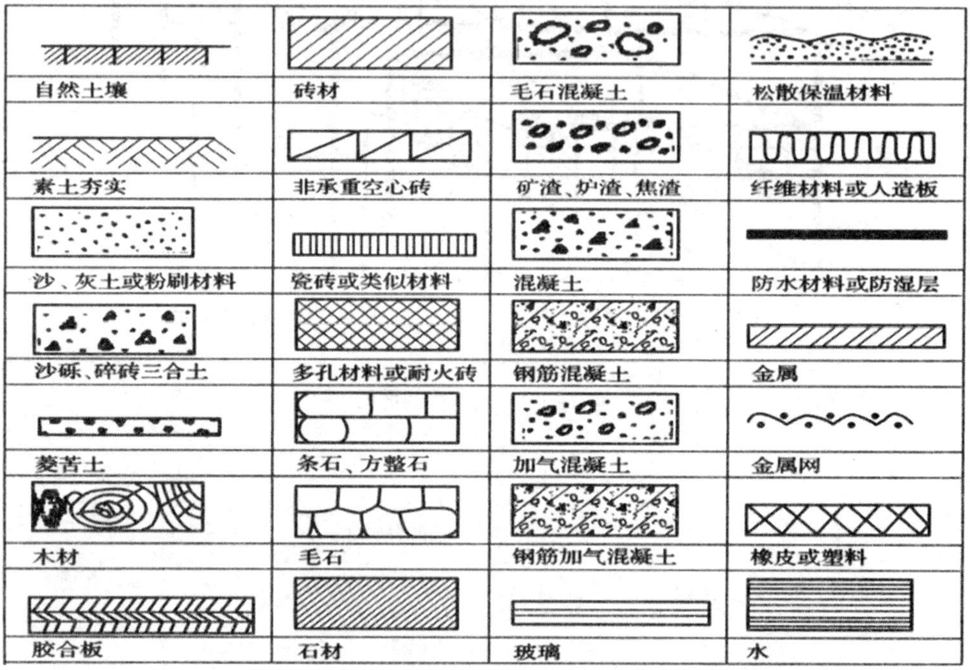

自然土壤
砖材
毛石混凝土
松散保温材料
素土夯实
非承重空心砖
矿渣、炉渣、焦渣
纤维材料或人造板
沙、灰土或粉刷材料
瓷砖或类似材料
混凝土
防水材料或防湿层
沙砾、碎砖三合土
多孔材料或耐火砖
钢筋混凝土
金属
菱苦土
条石、方整石
加气混凝土
金属网
木材
毛石
钢筋加气混凝土
橡皮或塑料
胶合板
石材
玻璃
水

图 1–1–16　建筑材料图例

空门洞
单扇门
双扇门
单扇推拉门
双面双扇弹簧门
双扇推拉门
单层固定窗
单扇外开窗
通风道
双层内外平开窗
双层固定窗
单扇中悬窗

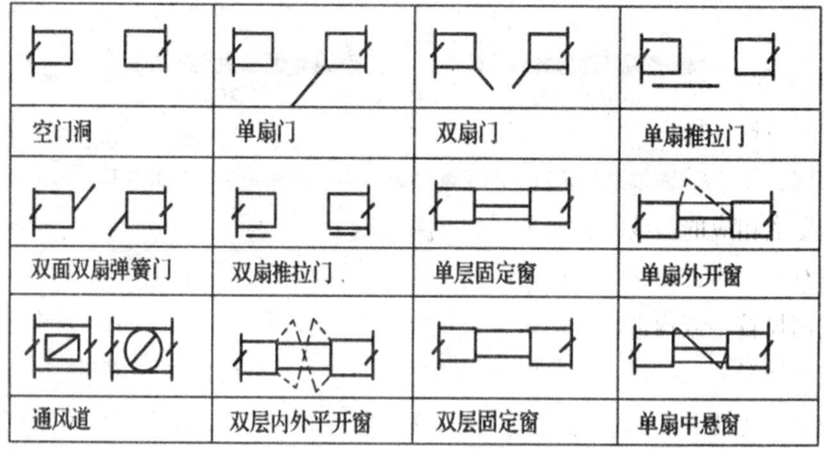

图 1–1–17　建筑配件图例

任务目标

了解羊场设计图的基本知识，掌握设计图的内容和阅读方法。通过阅读建筑设计图，可以对该牧场、畜舍的环境卫生情况进行初步评价。

认识羊场建设中的各类图纸，如羊场总平面图、立面图、平面图、剖面图、施工图等。

任务实施

首先根据总平面图了解全场的布局情况，然后根据畜舍的平面图、立面图、剖面图了解每栋畜舍的构造，最后还要详细了解结构详图。每一建筑物的各张工程图纸都是有密切关系的，看图时必须对照进行阅读。

一、总平面图阅读步骤

（1）先看图标、图名、图例和文字说明。

（2）了解场区概况：场区的范围、场区的划分、场地的地形地势、周围的环境、全年主风向、道路及绿化的规划和配置、房舍的幢数、占地面积和建筑系数等。

（3）了解每种建筑物具体情况：每幢房舍朝向、平面形状、轮廓尺寸、所处位置、室内外标高，与其他建筑物的关系和相互间距离等。

（4）了解场区其他布局：畜禽舍周围道路的分类（场内外净道、污道）、宽度、布置，场区地面排水的方式（排水沟、自由排水）、排水沟的布置、排水方向等；管理区、生产区、隔离区的相对位置、距离等；防疫消毒用房及设施的种类和位置、畜禽舍周围的绿化布置等。

二、平面图阅读步骤

1. 对主体畜禽舍房间设计图的识读

平面图应根据由墙外至墙内的顺序进行阅读。平面图与立面图对照阅读，可以看出畜舍的形式。从外墙上可以看出门、窗的位置及形式，两端的大门有无坡道，门的形式等。然后阅读畜舍的内部，如畜床、饲槽、粪尿沟、饲料调制室等位置，畜床的排列形式等。

2. 对畜禽舍外部设施设计图的识读

根据图纸读出畜禽运动场、出入房舍的台阶坡道、散水等的形状、布置和尺寸，各内外墙、柱的尺寸、作用以及墙上门窗设置、尺寸和形式（以不同图例符号表示）；每个房间内部的设备、设施（笼具、栏圈、饲喂及饮水设备、清粪及排水设备、通风供暖及照明设备等）的种类、用途、布置、尺寸和相互关系；室内地坪的标高、坡度与室外地坪的高差。

三、立面图阅读步骤

（1）由图名和轴线了解该立面图是什么朝向的立面（正立面、背立面、左侧立面、右侧立面）。从立面图上可以看出门窗的位置和瓦、墙材料，可以看出畜舍各部尺寸以及符号所标明的标高，立面图上中央的点划线，说明畜舍两端是对称的。

（2）了解该立面门窗的数量、形式安排和标高；各设备设施和细部（檐口、雨罩、台阶坡道、勒脚等）的安排、相对位置、标高等，室外地面的高度、台阶的踏步数、踏步高等。

四、剖面图阅读步骤

（1）根据剖面图的剖视方向了解该截面的轮廓形状、与平面图对应的水平总尺寸和高度总尺寸；了解室内外地坪标高、坡度等高度变化情况；了解室内房间在截面方向的划分和布置情况；了解室内主要设备在截面方向的布置情况等。

（2）剖面图应该根据由下向上的顺序进行阅读。首先是墙体基础的深度、宽度、结构及材料，地面的结构、材料，地面倾斜度，粪尿沟、饲槽的尺寸和样式等；其次是窗户样式、窗上檐口的结构、屋架结构、材料规格等；最后屋面结构用一条竖线通过屋面多层，在竖线上画出与屋面结构层数相应的横线，按照多层的顺序，自上而下写明屋面的结构、材料和规格。

（3）查看剖面图上的尺寸线，标明与平面图、立面图对应部分的尺寸。

羊场设计图认识任务评价见表 1–1–1。

表 1–1–1　羊场设计图认识任务评价表

评价项目	评价指标	配分	得分
思想道德素质	爱党爱国、理想信念、遵纪守法等表现	15	
基本素质	爱岗敬业、诚实守信、积极进取等表现	10	
通用能力	工作态度、团队协作、沟通能力等表现	10	
专业能力	图例的识别	10	
	总平面识别	15	
	平面图识别	15	
	立面图识别	15	
	剖面图识别	10	
合 计		100	

任务二　羊场规划设计

任务导读

羊场设计的目的在于为羊只创造一个符合其生理和行为需求的良好生活生产环境条件，为畜牧生产提供方便，以充分发挥羊的生产性能。羊场选址应根据羊场的规模大小及生产性质，本着因地制宜和科学管理的原则对羊场进行统一的规划和合理的布局，这样不仅有利于羊场后期的生产管理和防疫安全，也使得整个羊场整齐美观、经济实用，从而获得相对较多的优质畜产品和较大的经济效益。

一、场址选择的基本原则

羊场场址的选择关系到场区小气候状况、兽医防疫要求及羊场生产经营状况等，是羊场建设规划必须要考虑的问题。羊场选址时，应从地势、地形、土壤、水源、饲草、交通等方面综合考虑。一般应具备以下基本条件。

（一）地势

羊场应选在地势高燥，便于排水的场地。地势要背风向阳，平坦且有一定的坡度，坡度以 1% ～ 3% 为宜，最大不超过 25%。凡低洼、山谷、背阴的地方都不宜建造羊场。

（二）地形

羊场的地形要开阔、整齐，避免选择不规则的地形，同时要有足够的面积，以便留有发展余地。

（三）土壤

砂壤土是羊场建设最为理想的土质，它的特性介于砂土和黏土之间，透气性和渗水性适中，易于保持干燥，抗压能力较大，不易冻胀。

在场址选择时，由于受当地客观条件的限制，不易选择到最为理想的土质，因此，需要在规划设计、施工建造和日常使用管理等方面弥补土壤选择带来的缺陷。

（四）水源

羊场要有水质良好、水量充足、取用方便、卫生防护方便的水源。水质要求须达到《无公害食品畜禽饮用水水质》（NY 5027—2008）的标准。

（五）饲草

饲料是畜牧生产的物质基础，饲料费用一般占养殖成本的60%～80%。在建场时，要充分考虑羊场周边地区的饲草饲料资源状况，尽可能地依靠周边草料资源来满足生产需要，为降低生产成本打好基础。

（六）交通

羊场要求交通便利，饲料运入、畜产品运出、粪尿的处理等都需要有方便的交通。但因羊场的防疫需要和其对周围环境的污染，羊场又不可太靠近主要交通干道，最好离主要干道500 m以上，同时要距离居民点500 m以上。此外，牧场应有专用道路与主要公路相连，羊场道路4 m宽即可。

二、羊场的规划布局

（一）羊场分区规划的基本原则

（1）要体现牧场建场的方针与任务，在满足生产要求的条件下，尽可能减少用地。
（2）在发展大型集约化牧场时，布局要考虑整个牧场的粪尿及污水的处理。
（3）因地制宜，合理利用牧场的地形、地物。
（4）规划时要留有余地，考虑今后的发展，尤其要注意生产区的规划布局。

（二）羊场的功能区及其划分

羊场通常分为：管理区、生产区和隔离区三个功能区，每区均有隔离系统，以防影响生产。各功能区要考虑卫生防疫和各区之间的联系，根据羊场地势和当地全年主风向，最好按图1-2-1所示的顺序安排各区。

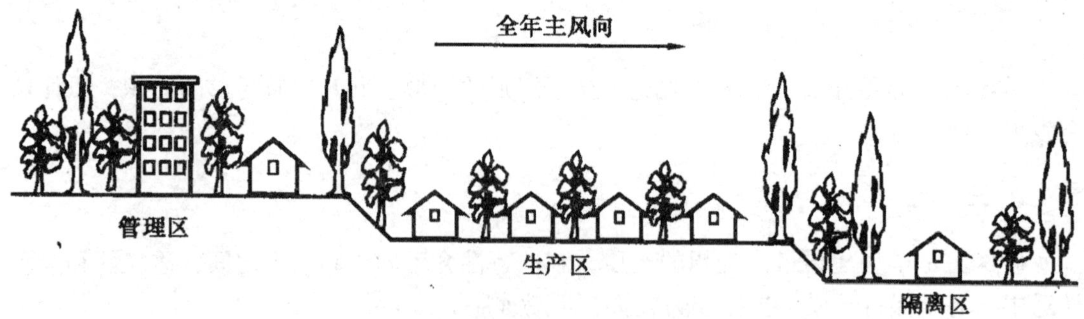

图1-2-1 羊场各区依地势、风向配置示意图

1. 管理区

管理区包括与羊场经营管理有关的建筑物（如办公室）、农副产品和畜产品加工、储存有关的建筑物和设施、羊场工作人员的生活设施等。羊场的经营管理活动与社会联系密切，容易造成疫病的传播和流行，所以该区的位置应靠近大门，并和生产区分开。

2. 生产区

生产区包括羊舍，饲料贮存、加工、调制的建筑物。该区是羊场的核心部分，应位于全场的中心地带，除了满足地势与主风向符合要求外，生产区的规划还要掌握下列原则：

①不同种类、年龄、生产功能的羊只需分小区饲养。这样在便于管理的同时可减少疾病的相互传播。

②饲料间设置要兼顾场外运进和场内分发，使两者都能得到方便；凡是与饲料有关的建筑物都要设于地势高的地方。

③干草与垫草间的设置：要能满足防火要求，并能减少灰尘对羊舍的影响。干草与垫草间要设于牧场的下风向，且与羊舍保持有一定距离。

3. 隔离区

隔离区包括兽医室、积粪池、粪尿处理设施、病畜隔离舍及尸坑等。为了防止疫病的传播与蔓延，该区应设置在生产区的下风向，除地势最低外，还应远离生产区。病畜隔离舍应尽可能与外界隔绝，隔离区四周应有天然或人工隔离屏障，同时设立单独的道路与出入口。

三、羊舍及其设施

（一）羊舍建筑的基本要求

1. 羊舍面积

羊舍按所养类群分为种公羊舍、孕/产母羊、配种羊舍、育成/育肥羊舍和隔离羊舍5种类型。

（1）种公羊舍。用于饲养核心群成年种公羊，宜用单列式或双列式羊舍，占地面积按3～4 m^2/只测算。设置舍外运动场，面积为羊舍面积的1.5～2.0倍。

（2）孕/产母羊舍。用于饲养怀孕母羊和哺乳母羊，宜采用双列式。采用母子圈结构，羊舍面积按3～4 m^2/只测算。孕/产母羊舍不设运动场；其他孕/产母羊舍应设舍外运动场，面积为羊舍面积的1～2倍。

（3）配种羊舍。用于空怀能繁母羊的发情观察、配种（人工辅助交配或人工授精），占地面积按1～1.5 m^2/只测算。根据饲养规模大小，宜用双列式（300只规模）、多列式（1 000只规模）或连栋式（3 000只规模）羊舍，不设运动场。

（4）育成/育肥羊舍。用于饲养断奶至性成熟前的羔羊及育肥羊，占地面积按0.5～1.0 m^2/只测算。根据不同饲养规模，宜用双列式（300只规模）、多列式（1 000只规模）或连栋式（3 000只规模）羊舍，不设运动场。

（5）隔离羊舍。用于从外引进羊只及病羊的临时隔离，采用双列式羊舍，设运动场。占地面积：300只能繁母羊规模需100 m^2羊舍、1 000只能繁母羊规模需200 m^2羊舍、3 000只能繁母羊规模需300 m^2羊舍。

2. 羊舍地面

羊舍地面通常称为羊床，是羊只生产、休息、排泄的场所。羊舍地面应高出舍外地面20～30 cm，铺成缓坡形，以利排水。羊舍地面有实地面和漏缝地面两种。羊舍地面以土、砖或石块铺垫，饲料间地面可用水泥或木板铺设。

根据羊床高低可分为地面式羊床和高架式羊床。地面式羊床适用于繁殖羊舍，羊床应低于走道 5 ～ 10 cm，羊床下设深 0.2 m 的清粪槽。高架式羊床适用于育肥羊舍，一般羊床离地面的高度为 0.5 ～ 0.8 m。

3. 墙壁和窗

墙壁是畜舍主要结构，要选保温隔热性能好的材料，以保证最佳绝热。传统的羊舍墙壁多采用砖石结构，近年来，钢构件和隔热等新型建筑材料日益得到广泛使用。

窗户的大小与通风、采光有关，在保证采光系数前提下，尽量少设窗户，既要有利于冬季的保温，又要有利于夏季通风。一般羊舍的南墙要有窗户，窗的总面积占墙总面积的 1/3 ～ 1/2 为宜。

4. 护栏

护栏的材料要根据羊群不同的性别和类型进行选择，可选择木栅栏、铁丝网、钢管或砖墙等，有条件的最好使用钢管。护栏的高度比羊体高一些为宜，一般 1 m 左右即可，各护栏之间要有横衬，横衬间隔以 15 cm 为宜。

（二）羊舍类型及其设施

1. 羊舍的基本类型

不同类型的羊舍提供的小气候有很大的差别。根据不同结构划分标准，将羊舍划分为若干类型。

（1）从屋顶结构来分。羊舍可分为单坡式、双坡式等。单坡式即房顶向一面倾斜，这样的羊舍要求屋顶的材料比较好，便于下雨排水，这种羊舍面积不大；双坡式即屋顶向两面倾斜，这样的羊舍面积比较大，适宜于做母羊产房或母子羊舍。

（2）从密闭程度来分。羊舍可分为开放式、密闭式、半开放式等。开放式即结构比较简单，多用于气候条件比较好的地区；密闭式，所建立羊舍的四周封闭比较严，多用于气候条件不太好的地区，冬季能防风；半开放式，介于二者之间。

（3）从平面结构来分。羊舍可分为长方形、正方形及半圆形。这主要根据羊的饲养量来决定。

（4）从建筑用材来分。羊舍有砖木结构、土木结构及敞篷围栏结构等。

2. 运动场

为了保证羊只的活动时间和活动量，需要设置运动场。运动场一般设在羊舍南面，以沙质壤土为好，便于排水和保持干燥。运动场的面积以每只羊 2 ～ 3 m^2 为宜，且周围应设围栏，公羊围栏高度一般为 1.5 m，母羊围栏高度为 1.2 ～ 1.3 m，围栏门宽 1.5 ～ 2.5 m。

3. 饲槽

饲槽是舍饲养羊最主要、最关键的设备，饲槽用于补充精料和饲喂颗粒饲料，它与圈墙或围栏一起构成了羊舍的基础，所以，羊槽的设计、制作是否科学，无论是对提高饲料利用率，还是对保持草料的卫生都有极其重要的意义。

饲槽分活动式和固定式两类，每类又分为临时的和永久的两种。规模小的羊场多用木板、铁皮等材料制作的活动式临时性饲槽，而养羊较多，特别是大规模工厂化的羊场，就需建造固定式的永久性饲槽。饲槽一般宽 50 cm，深 20 ～ 25 cm，高 40 ～ 50 cm，槽底为圆弧形。

4. 水槽

水槽一般固定在羊舍或运动场上，也可与饲槽通用。目前羊场多采用自动饮水器，供羊饮用水。

四、羊场主要配套设施

（一）养殖设施

1. 青贮设施

青贮料是羊的良好饲料，为了制作青贮饲料，需要在羊舍附近修建青贮窖或青贮池。青贮窖或青贮池是存放青贮饲料的场所。羊场一般用砖、水泥等筑成长方形青贮窖，宽 2.0 ～ 3.5 m，长度视需要而定，可在窖的中部或一端开口。青贮窖应建在地势较高、土质坚实、排水良好、便于取用的地方。青贮窖或青贮池容积按每 100 只羊 70 m^3 进行测算。见图 1–2–2、图 1–2–3。

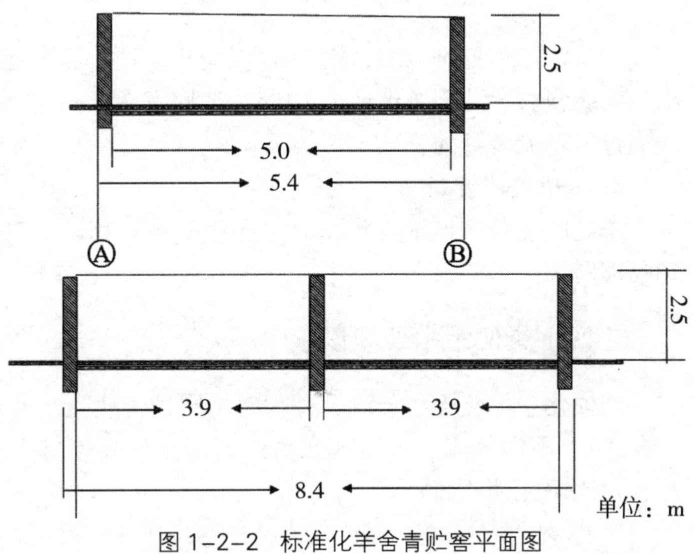

图 1–2–2　标准化羊舍青贮窖平面图

2. 饲料库

饲料库是进行羊饲料加工和饲料贮存的场所，主要包括原料库、成品库、饲料加工车间等，应选择防潮、通风良好的场所，饲料库地面应高于室外 30 cm 以上，地面以水泥地面为宜，屋顶采用隔热、防火材料。

（二）羊场生产设施

1. 人工授精室

人工授精室可设在成年公母羊舍之间或附近。采精室、精液处理室和输精室要求光线充足，地面坚实，保持清洁。面积：采精室、精液处理室均为 8 ～ 12 m^2，输精室为 20 m^2。

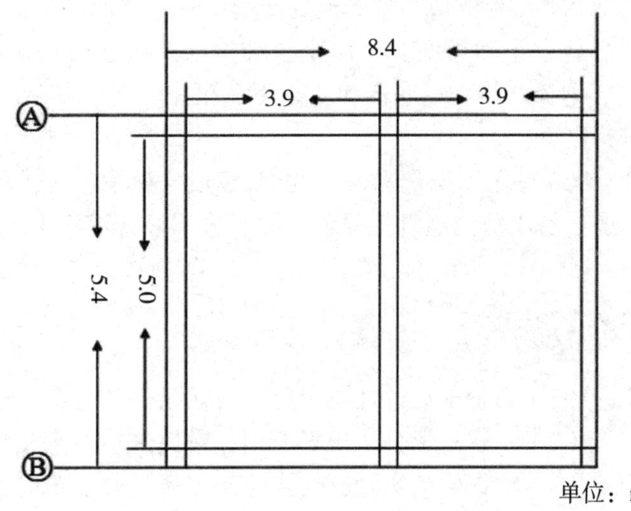

图 1–2–3　标准化羊舍青贮窖剖面图

2. 兽医室

羊场配套建设 10 m^2 以上的兽医室，应设在羊场的下风口，距羊舍应有适当距离，并配备显微镜、冰箱、高压消毒锅、消毒柜、离心机、人工授精器械等仪器设备。规模羊场应配备布病检测设备。

（三）卫生防疫设施

1. 消毒室

在生产区大门旁建 10 m^2 以上的人员消毒室，内部设有紫外线消毒灯、自动喷雾消毒器、洗手盆和脚踏池等设施及工作服，用钢管围成“弓”字形的喷雾消毒通道。

2. 消毒池

在生产区大门入口处，应设车辆消毒池，消毒池有效深度 0.2 ～ 0.3 m，有效宽度 3 ～ 4 m（同门宽），有效长度 5 ～ 6 m。

3. 药浴池

为防治羊体外寄生虫，应定期给羊进行药浴。药浴池一般用水泥筑成，进口为陡斜坡，出口为缓斜坡，池深 1 m，长 10 m，池底宽 30 ～ 60 cm，上宽 60 ～ 100 cm，以一只羊能通过但不能转身为宜。

4. 移动式消毒设备

羊场除配备固定消毒设备外，还应配备可移动消毒设备，如便携式消毒喷雾器或电动喷雾器等。

（四）粪便污水处理设施

规模化羊场应雨污分流，并配有堆肥场、病死羊处理设施等。

（1）雨污分流。生活区和生产区污水经暗管接入城镇污水管网或集中到粪污处理区；雨水采用明沟排放。

（2）堆肥场。应在邻近生产区建造堆肥场，堆肥场与生产区污道相通。堆肥场由堆粪池和挡雨棚组成。堆粪池为砖混结构，三面砖筑，高 0.8 ～ 1.5 m，宽 1.5 ～ 3.0 m，长视场地大小和粪便多少而定。堆粪池上应建设挡雨棚，挡雨棚可为轻钢结构，顶部单层彩钢板。堆肥场底部和四壁用水泥抹面，作防渗处理。堆粪池容积按每 100 只羊 40 m^3 进行测算。

（3）病死羊处理设施。配套建设病死羊尸体暂存场所，应符合防水、防渗、防鼠、防盗、易于清洗消毒等要求，并设置明显警示标识。

任务目标

（1）熟悉羊场选址应考虑的自然条件和社会条件；

（2）了解羊场分区规划原则，掌握其功能区及其划分方法；

（3）根据生产实际，初步绘制羊场的规划布局方案设计图。

任务材料

绘图仪器和工具（绘图板、丁字尺、三角板、圆规、直线笔、比例尺等）或 CAD 制图软件。

一、绘制羊场设计平面图

根据羊场工艺设计方案绘制总平面图的草图，在草图上反映羊场设计的基本构思和总体打算。草图上确定羊场的功能分区、建筑物布局、道路及绿化规划等内容。然后，根据总平面草图绘制各幢建筑的平面图、立面图和剖面图的草图。

二、选择合适的比例

选择不同大小的绘图图纸，在保证图样能清晰表达其内容、图样及其标注尺寸能完全、合理、美观地安排在图纸中央的前提下，选用不同的比例。

任务评价

羊场规划设计任务评价见表 1–2–1。

表 1–2–1　羊场规划设计任务评价表

评价项目	评价指标	配分	得分
思想道德素质	爱党爱国、理想信念、遵纪守法等表现	15	
基本素质	爱岗敬业、诚实守信、积极进取等表现	15	
通用能力	工作态度、团队协作、沟通能力等表现	15	
专业能力	绘图仪器和工具的使用	5	
	功能区及其划分方法	5	
	羊场设备设施布局	5	
	羊场的规划布局方案设计图绘制	40	
合 计		100	

根据以下提供的条件，绘制肉羊场规划布局方案设计图（图 1–2–4）。

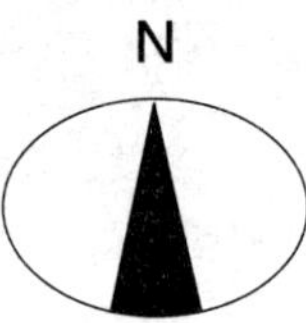

1. 职工宿舍；2. 办公室；3. 传达室；4. 消毒室；5. 种公羊舍；6. 后备羊舍；7. 空怀母羊舍；8. 配种舍； 9. 妊娠舍；10. 产房；11. 羔羊舍；12. 育成羊舍；13. 育肥舍；14. 饲料仓库；15. 兽医室；16. 食堂；17. 堆粪场；18. 隔离舍。

图 1-2-4 羊场规划布局方案设计图

项目二 肉羊品种识别及鉴定

项目目标：

◎了解不同肉羊品种的特征，能识别主要肉羊品种

◎熟悉羊的体尺部位，按操作规程能正确测量羊的主要体尺

◎掌握肉用羊外貌鉴定技术和基本方法，学会羊的年龄判断

思政目标：

◎树立正确“三观”塑造良好人格

◎树立学生的质量意识和规范意识

◎树立自觉遵守法律法规和标准的意识

◎培养学生民族自豪感和自尊心

任务一　肉羊品种识别

任务导读

一、绵羊品种

（一）杜泊羊

1. 产地

原产于南非，由有角陶赛特羊与波斯黑头羊杂交育成。

2. 外貌特征

根据头颈的颜色，分为白头杜泊和黑头杜泊两种。这两种羊体躯和四肢皆为白色，头顶部平直、长度适中，额宽，鼻梁微隆，无角或有小角根，耳小且平直。颈粗短，肩宽厚，背平直，肋骨拱圆，前胸丰满，后躯肌肉发达。四肢强健而长度适中，肢势端正。

3. 生产性能

羔羊生长迅速，断奶体重大。3.5 ～ 4 月龄的杜泊羊体重可达 36 kg，屠宰胴体约为 16 kg，羔羊日增重 81 ～ 91 g。成年公羊和母羊的体重分别在 120 kg 和 85 kg 左右。在良好的生产管理条件下，杜泊母羊可在一年四季任何时期产羔。母羊的产羔间隔期为 6 个月，在饲料条件和管理条件较好的情况下，母羊可达到 1 年 2 胎。杜泊羊具有多羔性，产羔率能达到 150%。

（二）萨福克羊

1. 产地

原产于英国英格兰东南部的萨福克、诺福克、剑桥和艾塞克斯等地。该品种羊是以南丘羊为父本，以当地体型较大、瘦肉率高的旧型黑头有角诺福克羊为母本进行杂交培育而成。

2. 外貌特征

体躯主要部位被毛白色，头和四肢为黑色，并且无羊毛覆盖。头短而宽，鼻梁隆起，耳大，公、母羊均无角，颈长、深且宽厚，胸宽，背、腰和臀部长宽而平。肌肉丰满，后躯发育良好。

3. 生产性能

早熟，生长快，肉质好，繁殖率高，适应性强。成年公羊体重 100 ～ 136 kg，成年母羊体重 70 ～ 96 kg。剪毛量成年公羊 5 ～ 6 kg，成年母羊 2.5 ～ 3.6 kg，毛长 7 ～ 8 cm，细度 50 ～ 58 支，净毛率 60% 左右。产羔率 141.7% ～ 157.7%。

（三）夏洛莱羊

1. 产地

原产于法国中部的夏洛莱丘陵和谷地，以英国莱斯特羊、南丘羊为父本与夏洛莱地区的细毛羊杂交育成。

2. 外貌特征

被毛同质，白色。公、母羊均无角，整个头部往往无毛，脸部皮肤呈粉红色或灰色，有的带有黑色斑点，两耳灵活会动，性情活泼。额宽、眼眶距离大，耳大、颈短粗、肩宽平、胸宽而深，肋部拱圆，背部肌肉发达，体躯呈圆桶状，后躯宽大。两后肢距离大，肌肉发达，呈“U”字形，四肢较短，四肢下部为深浅不同的棕褐色。

3. 生产性能

生长发育快，一般 6 月龄公羔体重 48 ～ 53 kg，母羔体重 38 ～ 43 kg；7 月龄出售的种羊标准公羔体重 50 ～ 55 kg，母羔体重 40 ～ 45 kg。成年公羊体重 100 ～ 150 kg，成年母羊体重 75 ～ 95 kg。夏洛莱羊胴体质量好，瘦肉多，脂肪少，屠宰率在 55% 以上。产羔率高，初产母羊为 135.32%，经产母羊为 182.37%。夏洛莱羊为季节性发情，在法国一般在 8 月中旬至翌年 1 月份发情，但发情旺季在 9 ～ 10 月份。被毛同质，毛长 4 ～ 7 cm，毛纤维细度 25.5 ～ 29.5 μm，剪毛量成年公羊 3 ～ 4 kg/ 只，成年母羊 1.5 ～ 2.2 kg/ 只。

（四）无角陶赛特羊

1. 产地

原产于澳大利亚和新西兰，以雷兰羊和有角陶赛特羊为母本，考力代羊为父本进行杂交，杂种羊再与有角陶赛特公羊回交，然后选择所生的无角后代培育而成。

2. 外貌特征

全身被毛白色，公、母羊均无角，体质结实，头短而宽，颈粗短，体躯长，胸宽深，背腰平直，体躯呈圆桶形，四肢粗短，后躯发育良好。该品种羊具有早熟、生长发育快、全年发情和耐热及适应干燥气候等特点。

3. 生产性能

成年公羊体重 90 ～ 100 kg、母羊体重 55 ～ 56 kg、平均产毛量 2 ～ 3 kg，产羔率 130%。4 月龄羔羊胴体重公羊 20 ～ 24 kg、母羊 18 ～ 22 kg，屠宰率 54% ～ 55%。

（五）湖羊

1. 产地

主要产于浙江嘉兴和太湖地区。

2. 外貌特征

被毛全白，腹毛粗、稀而短，体质结实。体格中等，公、母均无角，头狭长，鼻梁隆起，多数耳大下垂，颈细长，体躯狭长，背腰平直，腹微下垂，尾扁圆，尾尖上翘，四肢偏细而高。

3. 生产性能

羔羊生长发育快，三月龄断奶体重公羔 25 kg 以上，母羔 22 kg 以上。成年羊体重公羊 65 kg 以上，母羊 40 kg 以上。屠宰后净肉率 38% 左右。性成熟早，生长快，常年发情和配种，繁殖率高。除初产外，每胎多在 2 只以上，高的可达 6 ～ 8 只，平均产羔率为 228.92%。

（六）小尾寒羊

1. 产地

产于河北南部、河南东部和东北部、山东西部及皖北、苏北一带，由本地大绵羊和新疆细毛羊杂交育成。

2. 外貌特征

全身被毛白色、异质、有少量干死毛，少数个体头部有色斑。体形结构匀称，侧视略呈正方形。鼻梁隆起，耳大下垂。短脂尾呈圆形，尾尖上翻，尾长不超过飞节。胸部宽深、肋骨开张，背腰平直。体躯长呈圆筒状，四肢高，健壮端正。公羊头大颈粗，有发达的螺旋形大角，角根粗硬。前躯发达，四肢粗壮，有悍威、善抵斗。母羊头小颈长，大都有角，形状不一，有镰刀状、鹿角状、姜芽状等，极少数无角。

3. 生产性能

周岁公、母羊体重分别为 60.83 kg 和 41.33 kg；公、母羊年均剪毛量分别为 3.5 kg 和 2.1 kg。产羔率平均为 270%。该品种性成熟早，母羊一年四季发情，通常是两年产三胎，有的甚至一年产两胎，每胎产双羔、三羔较多，居我国地方绵羊品种之首。

（七）乌珠穆沁羊

1. 产地

产于内蒙古自治区锡林郭勒盟东部乌珠穆沁草原。

2. 外貌特征

毛色以黑头羊居多，头或颈部黑色者约占 62.0%，全身白色者占 10.0%。体质结实，体格较大。头大小中等，额稍宽，鼻梁微凸，公羊有角或无角，母羊多无角。颈中等长，体躯宽而深，胸围较大，背腰宽平，体躯较长，后躯发育良好，肉用体型比较明显，四肢粗壮。尾肥大，尾宽稍大于尾长，尾中部有一纵沟，稍向上弯曲。

3. 生产性能

生长发育较快，2.5 ～ 3 月龄公、母羔羊平均体重分别为 29.5 kg 和 24.9 kg。6 月龄的公、母羔平均分别达 40 kg 和 36 kg，成年公羊 60 ～ 70 kg，成年母羊 56 ～ 62 kg，平均胴体重 17.90 kg，屠宰率 50%，平均净肉重 11.80 kg，净肉率为 33%，产羔率仅为 100%。

（八）阿勒泰羊

1. 产地

主要产于新疆北部的福海、富蕴、青河等县，是哈萨克羊种的一个分支，以体格大、肉脂生产性能高而著称。

2. 外貌特征

头中等大，耳大下垂，公羊鼻梁隆起，一般具有较大的螺旋形角。母羊鼻梁稍有隆起，约三分之二的个体有角。颈中等长，胸宽深，鬐甲平宽，背平直，肌肉发育良好。十字部稍高于鬐甲。四肢高而结实，股部肌肉丰满，肢势端正，蹄小坚实，沉积在尾根附近的脂肪形成方圆的大尾，大尾外面覆有短而密的毛，内侧无毛，下缘正中有一浅沟将其分成对称的两半。母羊的乳房大且发育良好。

3. 生产性能

生长发育快，适于肥羔生产。4 月龄公羔体重为 38.9 kg，母羔为 36.7 kg。1.5 岁公羊为 70 kg，母羊为 55 kg。成年公羊平均体重为 92.98 kg，母羊为 67.56 kg。成年羯羊的屠宰率 52.88%，胴体重平均为 39.5 kg，脂臀占胴体重的 17.97%，产羔率 110.3%。春、秋各剪毛一次，剪毛量平均成年公羊为 2 kg，母羊为 1.5 kg，当年生羔羊为 0.4 kg。阿勒泰羊毛质量较差，羊毛主要用于擀毡。

（九）同羊

1. 产地

主要分布在陕西渭南、咸阳两市北部各县，延安市南部和秦岭山区有少量分布。

2. 外貌特征

全身被毛洁白，产区 59% 的羊只产同质毛和基本同质毛，其他地区同质毛羊只较少。腹毛着生不良，多由刺毛覆盖。同羊有“耳茧、尾扇、角栗、肋筋”四大外貌特征。耳大而薄（形如茧壳），向下倾斜。公、母羊均无角，部分公羊有栗状角痕。颈较长，部分个体颈下有一对肉垂。胸部较宽深，肋骨细如筋，拱张良好。背部公羊微凹，母羊短直较宽，腹部圆大。尾大如扇，按其长度是否超过飞节，可分为长脂尾和短脂尾两大类型，90% 以上为短脂尾。

3. 生产性能

周岁公、母羊平均体重分别为 10 ～ 33 kg 和 29.14 kg。成年公、母羊体重分别为 44.0 kg 和 36.2 kg。剪毛量成年公、母羊分别为 1.40 kg 和 1.20 kg，周岁公、母羊分别为 1.00 kg 和 1.20 kg。屠宰率成年羯羊 57.6%，母羊一般年产一羔，双羔者不多。

二、山羊品种

（一）波尔山羊

1. 产地

原产于南非，被称为世界“肉用山羊之王”，是世界上著名的生产高品质瘦肉的山羊，是一个优秀的肉用山羊品种。

2. 外貌特征

被毛白色，头颈部和耳为棕红色，从额中至鼻端有 1 条白色毛带。头粗壮，耳大下垂，前额隆起，公羊角较宽且向上向外弯曲，母羊角小而直。颈粗厚，四肢较短。皮肤松软，颈部和胸部有皱褶。该羊具有良好的肉用体型，体躯呈圆桶状，背腰宽厚平直，前胸较宽，后躯发达，臀部和大腿肌肉丰满。

3. 生产性能

波尔山羊的生长和肥育性能优于其他山羊品种，主要表现为体型大，生长速度快。在良好的饲养条件下，成年公羊体重 80 ～ 100 kg，母羊 60 ～ 80 kg，单羔初生重 5 kg 以上，断奶重（100 日龄）25 ～ 30 kg，日增重 200 g 以上，最佳上市体重一般为 38 ～ 43 kg。全年均可发情，其性周期为 20 d 左右，发情持续时间为 1 ～ 2 d，初次发情时间为 6 ～ 8 月龄，妊娠期约 150 d。具有多产特性，双羔率 50% 以上，三羔率 30% 以上，还有 20% 左右可产四羔。

（二）南江黄羊

1. 产地

原产于四川南江县，以纽宾奶山羊、成都麻羊、金堂黑山羊为父本，以南江县本地山羊为母本，采用复杂育成杂交方法培育而成，后又导入吐根堡奶山羊的血液，是我国目前肉用性能最好的山羊品种。

2. 外貌特征

被毛黄色，毛短而富有光泽，面部毛色黄黑，鼻梁两侧有一对称的浅色条纹，公羊颈部及前胸着生黑黄色粗长被毛，自枕部沿背脊有一条黑色毛带，十字部后渐浅。头大小适中，鼻微拱，有角或无角。体躯略呈圆桶形，颈长度适中，前胸深广、肋骨开张，背腰平直，四肢粗壮。

3. 生产性能

6 月龄公羔体重 16 ～ 21 kg，母羔 15 ～ 19 kg。周岁公羊体重 32 ～ 38 kg，母羊 28 ～ 29 kg。成年公羊体重 57 ～ 59 kg，母羊 38 ～ 45 kg。放牧条件下，6 月龄体重可达 21.3 kg，胴体重 9.6 kg，屠宰率 45.12%，10 月龄体重可达 27.5 kg，产羔率 187% ～ 219%。

（三）黄淮山羊

1. 产地

原产于河南周口、商丘等地，在安徽省以及江苏徐州等地也有分布。

2. 外貌特征

黄淮山羊全身白色，被毛有光泽。躯体高，体躯长，体质结实，结构匀称。头长清秀，鼻直，眼大，耳长而立，结构匀称，骨骼较细。鼻梁平直，面部微凹，下颌有髯。分有角和无角两种类型，67% 左右的羊有角：有角者，公羊角粗大，母羊角细小，向上向后伸展呈镰刀状；无角者，仅有 0.5 ～ 1.5 cm 的角基。颈中等长，胸较深，肋骨拱张良好，背腰平直，体躯呈桶形。种公羊体格高大，四肢强壮，头大颈粗，胸部宽深，背腰平直，腹部紧凑，睾丸发育良好，有须和肉垂。母羊颈长，胸宽，背平，腰大而不下垂，乳房发育良好，呈半圆形。

3. 生产性能

成年公羊平均体重为 34 kg，成年母羊平均体重为 26 kg。成年羯羊屠宰率为 46%。性成熟早，初配年龄一般为 4 ～ 5 月龄。母羊常年发情，一年产两胎或两年产三胎，产羔率平均为 227% ～ 239%。所产板皮呈蜡黄色，拉力强而柔软，韧性大，油润光亮，弹性好，是优良的制革原料。黄淮山羊具有性成熟早、生长发育快、繁殖率高、板皮品质优良等特性。

（四）长江三角洲白山羊

1. 产地

分布于江苏省的南通、苏州、扬州和镇江地区，因其主产区集中在海门、启东、崇明一带，故称为“海门山羊”。

2. 外貌特征

全身毛被短而直，羊毛洁白，弹性好。体格中等偏小。头呈三角形，面微凹。公、母羊均有角，角形大多向后上方倾斜呈八字形，公羊角粗，母羊角细短。前躯较窄，后躯丰满，背腰平直。公、母羊颌下有髯，公羊额部有绺毛。

3. 生产性能

成年公羊体重 28.6 kg，母羊 18.4 kg，羯羊 16.7 kg，初生时公羔 1.2 kg，母羔 1.1 kg。羯羊肉质肥嫩，膻味小。所产板皮品质好，皮质致密、柔韧，富光泽。性成熟早，母羊 6 ～ 7 月龄可初配，经产母羊多集中在春秋两季发情。长江三角洲白山羊羊毛挺直有峰，是制作毛笔的优质原料。

（五）马头山羊

1. 产地

产于湖北省十堰、恩施等地区和湖南省常德、黔阳等地区。

2. 外貌特征

体形呈长方形，结构匀称，骨骼坚实，背腰平直，肋骨开张良好，臀部宽大，稍倾斜，尾短而上翘。乳房发育尚可。四肢坚强有力，行走时步态如马，频频点头。马头山羊皮厚而松软，毛稀无绒。毛被白色为主，有少量黑色和麻色。按毛的长短可分为长毛型和短毛型两种类型，按背脊可分为“双脊”和“单脊”两类，以“双脊”和“长毛”型品质较好。公羊、母羊均无角，头似马形，性情迟钝，大小中等。公羊 4 月龄后额顶部长出长毛（雄性特征），并逐步伸长，可遮至眼眶上缘，长久不脱。

3. 生产性能

周岁羊平均体重：公羊 25.0 kg，母羊 23.2 kg，羯羊 34.7 kg。成年羊平均体重：公羊 50.8 kg，母羊 33.7 kg，羯羊 47.4 kg。羊肉膻味小，呈赤色。12 月龄羯羊胴体重 14.2 kg，花板油重 1.71 kg，胴体长 56.59 cm，眼肌面积 7.81 cm^2，屠宰率 54.1%。24 月龄羯羊的上述指标相应为 14.94 kg、2.3 kg、58.71 cm、9.77 cm^2 和 54.85%。母羊四季可发情配种，一般一年产两胎或两年产三胎，产羔率 191.94% ～ 200.33%。

（六）济宁青山羊

1. 产地

主要分布在菏泽和济宁地区。以曹县、郓城、菏泽、鄄城、单县、成武、定陶、金乡、嘉祥、邹县等县数量多、质量好。

2. 外貌特征

公、母羊均有角，有髯，额部有卷毛，被毛由黑、白两色毛混生，特征是“四青一黑”，即背毛、嘴唇、角和蹄皆为青色，两前膝为黑色，毛色随年龄的增长而变深。由于黑白毛比例不同，分为正青（黑毛 30% ～ 50%）、粉青（黑毛 30% 以下）、铁青（黑毛 50% 以上），由于被毛的粗细和长短不同分为 4 个类型：细长毛型、细短毛型、粗长毛型和粗短毛型。以细长毛型的猾子皮质量最好。

3. 生产性能

成年济宁青山羊公羊体高 60.3 cm，体长 60.1 cm，体重 28.8 kg。母羊体高 50.4 cm，体长 56.5 cm，体重 23.1 kg。成年羯羊屠宰率为 50%。羔羊出生后 40 ～ 60 d 可初次发情，一般 4 个月可配种，母羊一年可产 2 胎或 2 年 3 胎，一胎多羔，平均产羔率为 293.65%。羔羊出生重 1.3 ～ 1.7 kg。

任务目标

通过训练，使学生了解主要肉羊品种的产地、外貌特征及生产性能，能准确识别肉羊品种。

任务材料

绵羊、山羊品种图片（杜泊羊、萨福克羊、夏洛莱羊、无角陶赛特羊、湖羊、小尾寒羊、乌珠穆沁羊、阿勒泰羊、同羊、波尔山羊、南江黄羊、黄淮山羊、长江三角洲白山羊、马头山羊、济宁青山羊等）和视频资料。

任务实施

（1）先观看视频资料，了解各种肉羊的外貌特征及产地。

（2）利用品种图片、相关课件，介绍不同肉羊品种的外貌特征、生产性能及主要优缺点。

（3）学生在规定时间内指出肉羊的品种名称，说出羊的产地、外貌特征、生产性能。

任务评价

肉羊品种识别任务评价见表 2–1–1。

表 2-1-1　肉羊品种识别任务评价表

评价项目	评价指标	配分	得分
思想道德素质	爱党爱国、理想信念、遵纪守法等表现	15	
基本素质	爱岗敬业、诚实守信、积极进取等表现	10	
通用能力	工作态度、团队协作、沟通能力等表现	10	
专业能力	识别羊的品种名称	10	
	说出羊的产地	10	
	描述羊的外貌特征	15	
	描述羊的生产性能	15	
	比较羊的优缺点	15	
合　计		100	

任务二　肉羊外貌鉴定

任务导读

羊的外貌鉴定是羊育种选种工作的重要环节之一，外貌即外部形态，不仅可以反映羊的外表，而且还可以反映羊的体质、机能、生产性能和健康状况。通过观察外貌，不仅可以鉴别肉羊品种、个体体型差异，正确判断肉羊的健康状况及对生产条件的适应性，还可鉴定肉羊的年龄及生长发育是否正常。由此可见，羊的外貌鉴定在肉羊育种和生产中有着重要的意义。

一、肉用羊理想的外貌特征

头短而宽，颈粗短，颈部肌肉和脂肪发达，呈圆形。胸宽深而圆，肌肉发达，背腰平、直、宽，肋圆、肉多，臀部肌肉丰满，两后腿开张呈倒“U”字型，四肢短而细，前后肢开张良好，肢蹄端正结实，体型呈长方形。肉用羊的皮下结缔组织及内脏器官发达，脂肪沉积量大，皮肤薄而疏松。

二、肉用羊的外貌鉴定方法

通常用肉眼观察，必要时也可与体尺测量鉴定相结合。肉眼鉴定的一般方法步骤是先概观，后细察。鉴定时，人与羊保持一定距离，由前面、侧面、后面，有顺序地进行。概观就是从整体上看羊的体型结构、品种特征、精神表现及有无明显的损征和失格等。待动态和静态结合观察取得一个概括性认识后，再走近羊体，对各部位进行细致的观察，最后综合比较分析，评定肉羊的优劣。

为了减少肉眼鉴定的主观性，一般采用评分的办法。根据品种特征和理想标准制订出评分表，各部分给予不同的分值或系数。外貌鉴定时，鉴定人可依据评分表对羊只评分，根据总分高低定出等级和优劣。外貌评分时，要排除膘情、妊娠及年龄对外貌评定的影响。凡有窄胸、扁肋、凹背、尖尻、不正肢势（X 状后肢）、卧系及单睾、隐睾、瞎乳头等严重缺陷者，不得留作种用。

三、肉用羊的鉴定时间

肉用羊的鉴定分为 3 月龄、6 月龄、周岁和成年 4 次。3 月龄和 6 月龄的鉴定由生产单位进行，周岁和成年肉用羊的鉴定由县级或县级以上专业技术部门进行。

四、肉用羊的鉴定分级标准

（一）小尾寒羊

根据国家标准《小尾寒羊》（GB/T 22909—2008），进行小尾寒羊品种鉴定和等级评定。

1. 外貌描述

小尾寒羊标准体型外貌特征：毛色体躯被毛白色，少数个体头部、四肢有杂色斑点或杂色毛。体型长而高大，鼻梁隆起，耳大下垂，四肢细高。公羊体躯丰满紧凑，头大颈粗，良种高 1 m 以上。母羊体躯为圆桶状，侧视呈方形，后视呈倒“U”形，头小颈细，皮肤较薄，呈粉红色，后躯发达，良种高 90 cm 左右。角型公羊有粗大的螺旋形角，角基呈方形者优，少数角向外翻状如帽翅。母羊多有镰刀状角及姜芽状角，极少数为鹿角状，无角者甚少。尾巴具较短尾型，长不超过飞节（后膝），呈椭圆形，长宽约在 25 ～ 30 cm。尾巴的下端中间有一纵沟，尾尖向上翘，紧贴于尾沟，状似肉秤钩（向上翻）。小尾寒羊有三种毛型，一是粗毛型：毛直而粗硬，无弯曲，被毛松散，毛干枯而少油汗，主要用于织地毯；二是半细毛型：毛较细密而柔软，弯曲较少，有油汗而不多；三是裘毛型：毛弯曲明显，花穗美丽，羔羊更为突出。

2. 评分标准及等级评定

根据外貌描述内容，对其外貌进行评分及等级划分，见表 2–2–1。

表 2–2–1　小尾寒羊体型外貌鉴定评分标准及等级划分标准

项目	评分要求	评分	
		公羊	母羊
整体结构	体质结实，结构匀称，体格高大，体躯呈圆筒状，被毛白色、异质、有少量干死毛，头部有黑色或褐色色斑。裘皮型毛股清晰、弯曲明显，细毛型毛细密、弯曲小，粗毛型毛粗、弯曲大	25	25
头颈部	头大小适中，头颈结合良好。眼大有神，嘴头齐，鼻大且鼻梁隆起，耳中等大小、下垂。公羊头大颈粗，有螺旋形大角，角形端正。母羊头小颈长，无角或有小角	10	10
体躯部	胸背腰发育和结合良好，胸部宽深，前胸宽阔，肋骨开张。腹部紧凑而不下垂。尻部长、宽、平。四肢高且粗壮、健壮，蹄圆大、坚实，蹄形端正。脂尾呈圆扇形，尾尖上翻内扣，尾长不超过飞节	45	50
生殖器官	母羊乳房发育良好，皮薄毛稀，乳头大小适中。公羊睾丸大小适中，发育良好，附睾明显	20	15
合计		100	100
分级	特级 90 ～ 100　一级 80 ～ 89　二级 70 ～ 79　三级 60 ～ 69		

（二）南江黄羊

根据《四川省地方标准　南江黄羊》DB 51/291—1999，进行南江黄羊品种鉴定和等级评定。

1. 外貌描述

南江黄羊标准体型外貌特征：全身被毛黄褐色、毛短富有光泽。颜面黑黄、鼻梁两侧有一对称的浅黄色条纹。公羊颈部及前胸被毛黑黄粗长。枕部沿背脊有一条黑色毛带，十字部渐浅。头大小适中，母羊颜面清秀。大多数有角，少数无角。耳较长或微垂，鼻梁微降。公、母羊均有毛髯，少数羊颈下有肉髯。体型大、匀称，肉用体型明显。头小额宽，鼻端为粉红色。面部清秀、无杂色毛。颈长短适中，与肩部结合良好。胸深而广，肋骨开张。背腰平直，尻部倾斜适中。四肢粗壮，肢势端正、蹄质坚实。体质结实，结构匀称，体躯略呈圆桶形。公羊额宽、头部雄壮、睾丸发育良好。母羊乳房发育良好。

2. 评分标准

根据外貌描述内容，对其外貌进行评分，见表2–2–2。

表2–2–2　南江黄羊体型外貌鉴定评分标准

项目		评分要求	评分	
			公羊	母羊
外貌	被毛	被毛黄色、富有光泽。自枕部沿背脊有一条黑色毛带，十字部渐浅，颜面黑黄、鼻梁两侧有一对称的浅黄色条纹。公羊颈部及前胸有粗黑长毛和深色毛髯	14	13
	头形	头大小适中，额宽面平、鼻微拱，耳大长直或微垂	8	6
	外形	体躯略呈圆桶形，公羊雄壮，母羊清秀	6	5
	小计		28	24
体躯部	颈	公羊粗短，母羊较长，与肩结合良好	6	6
	前躯	胸部深广，肋骨开张	10	10
	中躯	背腰宽平，腹部较平直	10	10
	后躯	荐宽、尻丰满斜平适中，母羊乳房呈梨形，发育良好	12	16
	四肢	粗壮端正，蹄质结实	10	10
	小计		48	52
发育情况	外生殖器	发育良好，公羊睾丸对称，母羊外阴部正常	10	10
	整体结构	肌肉丰满、膘情适中体质结实，各部结构匀称、紧凑	14	14
	小计		24	24
总计			100	100

3. 等级划分

对外貌评分后，再对其外貌等级进行划分，见表2–2–3。

表2–2–3　外貌等级划分标准

等级	公羊	母羊
特等	≥ 95	≥ 95
一等	≥ 85	≥ 85
二等	≥ 80	≥ 75
三等	≥ 75	≥ 65

（三）波尔山羊

1. 外貌描述

波尔山羊标准体型外貌特征：毛色为白色，头颈为红褐色，额端到唇端有一条白色毛带。波尔山羊耳宽下垂，被毛短而稀。公母羊均有角，角坚实，长度中等，公羊角基粗大，向后、向外弯曲，母羊角细而直立，有鬃。耳长而大，宽阔下垂。头部：头部粗壮，眼大且为棕色。口颚结构良好。额部突出，曲线与鼻和角的弯曲相应，鼻呈鹰钩状。颈部：颈粗壮，长度适中，且与体长相称。肩宽肉厚，体躯甲相称，甲宽阔不尖突，胸深而宽，颈胸结合良好。体躯与腹部：前躯发达，肌肉丰满。体躯深而宽阔，呈圆筒形。肋骨开张与腰部相称，背部宽阔而平直。腹部紧凑。尻部宽而长，臀部和腿部肌肉丰满。尾平直，尾根粗、上翘。四肢：四肢端正，短而粗壮，系部关节坚韧，蹄壳坚实，呈黑色。前肢长度适中、匀称。皮肤与被毛：全身皮肤松软，颈部和胸部有明显的皱褶，尤以公羊为甚。眼睑和无毛部分有色斑。全身毛细而短，有光泽，有少量绒毛。头颈部和耳为棕红色。头、颈和前躯为棕红色，允许有棕色，额端到唇端有一条白色条带。体躯、胸部、腹部与前肢为白色，允许有棕红色斑。尾部为棕红色，允许延伸到臀部。生殖器官：母羊有一对结构良好的乳房。公羊有一个下垂的阴囊，有两个大小均匀、结构良好且较大的睾丸。

2. 评分标准

根据外貌描述内容，对其外貌进行评分，见表 2–2–4。

表 2–2–4　波尔山羊体型外貌鉴定评分标准

项目	评分要求	评分	
		公羊	母羊
整体结构	长头垂耳罗马鼻子，头、颈、脖蹄及肛门周围为棕色，头脸部从上到下有 1 条 5 cm 左右宽的白色条带，全身体躯为白色短毛。公母羊体质结实，结构匀称，全身肉用性能明显	25	20
头部	头长额宽，鼻直嘴齐。耳宽大下垂，公羊耳长 21 cm 左右、耳宽 9 cm 左右，母羊耳长 19 cm 左右、耳宽 9 cm 左右，眼大突出，明亮有光	15	20
体躯部	圆桶体躯，前胸开阔，背腰平直，肋骨开张，公羊腹不下垂，母羊微下垂，臀部方圆，肌肉丰满	20	25
生殖器官	母羊外阴褐色，阴户端正，阴蒂大小适中。公羊睾丸硕大，发育良好，左右对称，两睾间纵沟明显，竖径与横径相近，横径 10 cm 左右、竖径 15 cm 左右、周长 30 cm 左右，睾丸有弹性，副睾明显	25	25
四肢	四肢粗壮结实，姿势端正，关节坚实，系部直，蹄端正，蹄壁呈棕色	15	10
总计		100	100

3. 等级划分

对外貌评分后，再对其外貌等级进行划分，见表 2–2–5。

表 2-2-5 外貌等级划分标准

等级	公羊	母羊
特等	≥ 85	≥ 80
一等	≥ 80	≥ 75
二等	≥ 75	≥ 70
三等	≥ 70	≥ 65

任务目标

掌握肉羊外貌鉴定技术和基本方法，为生产中进行羊的选种选育积累理论知识和实践经验。

任务材料

肉羊若干只，肉羊外貌鉴定评分标准表、外貌等级划分表、消毒液等。

任务实施

一、鉴定前的准备

鉴定场所应大小适中，地面应坚实平整。鉴定时应设鉴定台（高 60 cm，长 100 ～ 120 cm，宽 50 cm），羊只站在台上便于鉴定。每个鉴定人员应配备一位记录人员，两位抓羊及保定人员。

二、肉用羊外貌鉴定

为了便于现场学习、记录和资料整理，参照肉用品种南江黄羊体型外貌鉴定评分标准、外貌等级划分标准进行评定。

（1）鉴定肉羊时，鉴定人员首先需全面了解羊群的来源、饲养管理、以往鉴定等级及育种等方面的情况，其次要对全群羊进行观察，粗略了解羊群的品质特征和体格大小等。

（2）将鉴定羊只置于鉴定台上，羊只站立姿势端正。

（3）对不同品种、体型的肉羊进行外貌描述。

（4）鉴定人员从前面、侧面和后面对羊进行观察，注意头部、鬐甲、背腰、体侧、四肢姿势、臀部发育状况以及公羊的睾丸或母羊的乳房。

（5）分部位鉴定，查看口齿、头部发育状况及面部、颌部有无缺点等。

（6）用手检查，五指伸直，借指端手感来鉴定。

（7）参照《四川省地方标准　南江黄羊》（DB 51/291—1999）南江黄羊体型外貌鉴定评分标准项目逐一进行评定，并做好记录。

（8）根据评定成绩，对照等级划分标准定出等级。

（9）鉴定结束后要进行复查，如果分级有误可做调整。

肉羊外貌鉴定任务评价，见表 2–2–6。

表 2–2–6　肉羊外貌鉴定任务评价表

评价项目	评价指标	配分	得分
思想道德素质	爱党爱国、理想信念、遵纪守法等表现	15	
基本素质	爱岗敬业、诚实守信、积极进取等表现	10	
通用能力	工作态度、团队协作、沟通能力等表现	10	
专业能力	羊群的品质特征和体格大小评定	5	
	肉羊品种体型外貌描述	5	
	肉羊品种外貌鉴定	15	
	分部位鉴定	15	
	体型外貌鉴定评分	15	
	外貌等级划分	10	
合 计		100	

结果整理

（1）参照肉羊体型外貌鉴定标准和格式制定表格，将鉴定结果记入鉴定表中。

（2）按照鉴定结果，查阅并参照被鉴定羊只品种等级标准，对所鉴定羊只定出等级，并填入表 2–2–7。

表 2–2–7　肉用羊等级评定结果

序号	品种	羊号	性别	年龄	鉴定成绩										等级
					被毛	头形	外形	颈	前躯	中躯	后躯	四肢	外生殖器	整体结构	

任务三　肉羊体尺测量

任务导读

一、羊的体尺部位名称

羊的不同体尺构成了不同的外形特征，在一定程度上能反映出生产力水平的高低，为区别、记载每只羊的外貌特征，必须掌握羊体表各部位名称。

（一）绵羊体表各部位名称

见图 2-3-1。

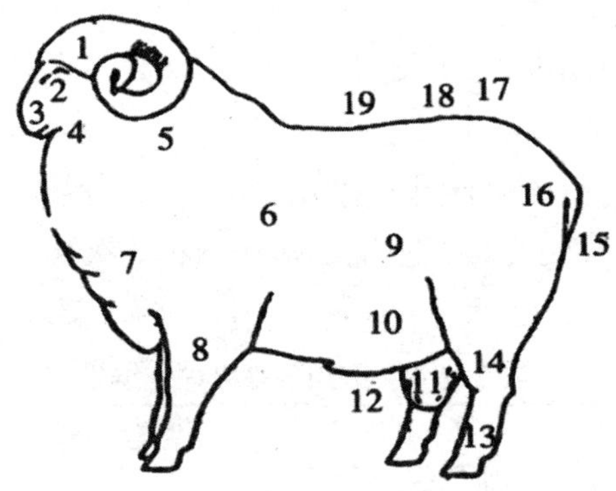

1. 头；2. 眼；3. 鼻；4. 嘴；5. 颈；6. 肩；7. 胸；8. 前肢；9. 体侧；10. 腹；11. 阴囊；12. 阴筒；13. 后肢；14. 飞节；15. 尾；16. 臀；17. 腰；18. 背；19. 鬐甲。

图 2-3-1　绵羊体表各部名称（岳炳辉，养羊与羊病防治，2011）

（二）山羊体表各部位名称

见图 2-3-2。

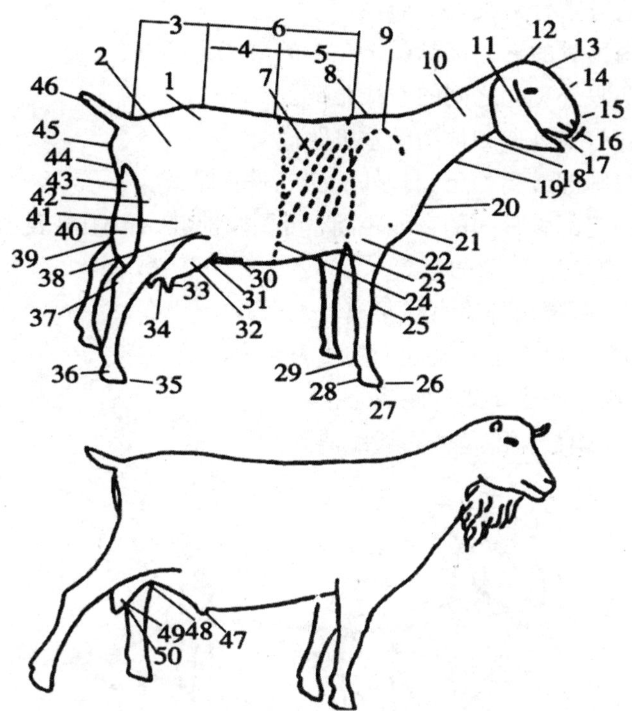

1. 腰角；2. 髋部；3. 尻部；4. 腰部；5. 脊部；6. 背部；7. 肋部；8. 鬐甲部；9. 肩胛部；10. 颈部；11. 耳；12. 头顶部；13. 额；14. 鼻梁；15. 鼻孔；16. 口笼；17. 颌部；18. 喉部；19. 垂部；20. 肩角；21. 前胸；22. 肘端；23. 胸基；24. 躯深；25. 膝；26. 趾；27. 蹄底；28. 蹄踵；29. 悬蹄；30. 乳静脉；31. 前乳房附着部；32. 乳房前部；33. 乳头；34. 乳基；35. 蹄；36. 系部；37. 飞节；38. 胁部；39. 中悬韧带；40. 乳房后部；41. 后股；42. 股部；43. 后乳房附着部；44. 乳镜；45. 臀端；46. 尾；47. 包皮；48. 乳头痕迹；49. 阴囊；50. 睾丸。

图 2-3-2　山羊体表各部名称

二、羊的体尺测量

羊体尺指标是羊品种的标记性状，又是评价羊生长发育状况的重要参数，在育种、生产实践中，通过测量这些性状来评定羊的生产性能，从而用来检测羊的生产技术及生产管理水平。

羊只一般在 3 月龄、6 月龄、12 月龄和成年四个阶段进行体尺测量，通过体尺测量可以了解羊的生长发育情况。体尺测量所用的测量工具主要有测仗、卷尺、圆形测定器等。测量时，被测羊只端正站立于宽敞、平坦的场地上，四肢直立，头自然前伸，姿势正常，然后按要求将下列各主要部位分别进行测量。每项测量 2 次，取其平均值，做好记录。测量时应准确，操作宜迅速、细心。

体尺测量的部位和方法如下（图 2-3-3）：

（1）体高：鬐甲最高点到地面的垂直距离。

（2）体长：肩端前缘到坐骨结节后端的直线距离。

（3）胸围：肩胛骨后缘经胸一周的周径。

（4）管围：前肢掌骨最细处的周径。

（5）头长：由顶骨的突起部到鼻镜上缘的直线距离。

（6）额宽：两眼外突起之间的直线距离。

（7）尻高：荐骨最高点到地面的垂直距离。

（8）胸深：肩胛部最高处至胸骨外皮肤的垂直距离。

（9）胸宽：两肩部胸骨间的直线距离，可用两前肢内侧距离表示。

（10）尻长：腰角至臀端的距离。

（11）腰角宽：两腰角外缘直线距离。

（12）十字部高：由十字部至地面的垂直距离。

（13）尾长：由尾根到尾端的距离。

（14）尾宽：尾幅最宽部位的直线距离。

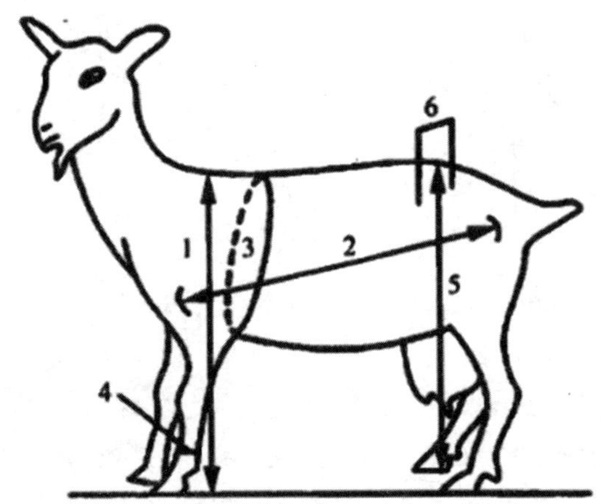

1. 体高；2. 体长；3. 胸围；4. 管围；5. 十字部高；6. 腰角宽。

图 2–3–3　羊的体尺测量图

三、肉用羊鉴定分级标准

（一）小尾寒羊鉴定分级标准

根据《山东省地方标准　小尾寒羊》（DB/3700 B43008–89），进行小尾寒羊体重体尺等级评定，见表 2–3–1。

表 2–3–1　小尾寒羊生长发育标准

年龄	等级	公羊				母羊			
		体高/cm	体长/cm	胸围/cm	体重/kg	体高/cm	体长/cm	胸围/cm	体重/kg
3 月龄	特等	68.0	68.0	80.0	26.0	65.0	65.0	75.0	24.0
	一等	65.0	65.0	75.0	22.0	63.0	63.0	70.0	20.0
	二等	60.0	60.0	70.0	20.0	55.0	55.0	65.0	18.0
	三等	55.0	55.0	65.0	18.0	50.0	50.0	60.0	16.0

续表

年龄	等级	公羊				母羊			
		体高/cm	体长/cm	胸围/cm	体重/kg	体高/cm	体长/cm	胸围/cm	体重/kg
6月龄	特等	80.0	80.0	90.0	46.0	75.0	75.0	85.0	42.0
	一等	75.0	75.0	85.0	38.0	70.0	70.0	80.0	35.0
	二等	70.0	70.0	75.0	34.0	65.0	65.0	75.0	31.0
	三等	65.0	65.0	70.0	31.0	60.0	60.0	70.0	28.0
周岁	特等	95.0	95.0	105.0	90.0	80.0	80.0	95.0	60.0
	一等	90.0	90.0	100.0	75.0	75.0	75.0	90.0	50.0
	二等	85.0	85.0	95.0	67.0	70.0	70.0	85.0	45.0
	三等	80.0	80.0	90.0	60.0	65.0	65.0	80.0	40.0
成年	特等	100.0	100.0	120.0	120.0	85.0	85.0	100.0	66.0
	一等	95.0	95.0	110.0	100.0	80.0	80.0	95.0	55.0
	二等	90.0	90.0	105.0	90.0	75.0	75.0	90.0	49.0
	三等	85.0	85.0	100.0	81.0	70.0	70.0	85.0	44.0

（二）南江黄羊鉴定分级标准

根据《四川省地方标准　南江黄羊》DB 51/29—1999，进行南江黄羊体重体尺等级评定，见表 2-3-2。

表 2-3-2　南江黄羊生长发育标准

年龄	等级	公羊				母羊			
		体高/cm	体长/cm	胸围/cm	体重/kg	体高/cm	体长/cm	胸围/cm	体重/kg
2月龄	特等	49.0	51.0	57.0	14.0	48.0	50.0	55.0	12.0
	一等	45.0	46.0	51.0	11.0	44.0	46.0	50.0	10.0
	二等	42.0	42.0	45.0	10.0	40.0	42.0	45.0	9.0
	三等	39.0	39.0	41.0	9.0	37.0	38.0	40.0	8.0
6月龄	特等	62.0	64.0	73.0	31.0	57.0	60.0	67.0	25.0
	一等	55.0	56.0	64.0	25.0	51.0	53.0	59.0	20.0
	二等	50.0	51.0	58.0	22.0	46.0	47.0	52.0	17.0
	三等	46.0	47.0	53.0	19.0	42.0	43.0	47.0	15.0
周岁	特等	68.0	71.0	81.0	45.0	63.0	67.0	75.0	36.0
	一等	61.0	63.0	72.0	35.0	57.0	60.0	67.0	28.0
	二等	55.0	57.0	65.0	30.0	52.0	54.0	60.0	24.0
	三等	50.0	51.0	58.0	25.0	48.0	49.0	54.0	21.0

续表

年龄	等级	公羊				母羊			
		体高/cm	体长/cm	胸围/cm	体重/kg	体高/cm	体长/cm	胸围/cm	体重/kg
成年	特等	79.0	85.0	100.0	70.0	71.0	75.0	87.0	50.0
	一等	72.0	77.0	90.0	60.0	65.0	68.0	79.0	42.0
	二等	66.0	70.0	82.0	55.0	59.0	62.0	72.0	38.0
	三等	61.0	64.0	75.0	50.0	55.0	56.0	65.0	34.0

任务目标

通过实践操作，熟悉羊的体尺测量部位，学会正确测量羊的体尺，掌握羊的主要体尺测量部位和测量方法。

任务材料

供测肉羊若干只、测仗、卷尺、圆形测量器、记录表。

任务实施

一、羊的体尺测量

（1）选择平坦场地将羊只保定，使羊只站立姿势端正。

（2）根据不同项目分别用测仗、卷尺、圆形测量器逐一测量羊的体尺指标。测量时由一人记录，部位要准确，读数要精确，卷尺不能拉得太紧或太松，以免影响准确性。每项测量 2 次，取其平均值。

①测仗测量：体高、体长、尻高、十字部高。

②圆形测量器：胸深、胸宽、额宽、腰角宽。

③卷尺测量：胸围、管围、头长、尻长、尾长、尾宽。

测量项目的多少，应根据测量目的来确定，一般肉用羊至少应测量体高、体长、胸围、管围等基本项目，如有特殊需要，可以针对性地多测量几个部位。

二、体重测定

在早晨饲喂前进行称重，连续称重 2 次，取其平均数。要求称量准确，操作迅速。

三、等级划分

根据体尺、体重实测值，按照评定标准定出等级。鉴定结束后要进行复查，如果分级有误可做调整。

任务评价

肉羊体尺测量任务评价见表 2–3–3。

表 2–3–3　肉羊体尺测量任务评价表

评价项目	评价指标	配分	得分
思想道德素质	爱党爱国、理想信念、遵纪守法等表现	15	
基本素质	爱岗敬业、诚实守信、积极进取等表现	10	
通用能力	工作态度、团队协作、沟通能力等表现	10	
专业能力	羊只各部位识别	10	
	羊只保定	5	
	测量工具使用情况	10	
	体尺测量	20	
	体重测定	10	
	等级划分	10	
合 计		100	

结果整理

（1）将体尺测量的数据和结果记入记录表中，并注明羊的品种、性别和年龄。

（2）按照测量结果，查阅并参照被鉴定羊只品种等级标准，对所鉴定羊只定出等级，并填入表 2–3–4。

表 2–3–4　肉用羊等级评定结果

羊号	性别	年龄	体尺等级				体重等级		总评等级
			体高 /cm	体长 /cm	胸围 /cm	等级	体重 /kg	等级	

任务四　肉羊年龄鉴定

任务导读

年龄鉴定是肉羊个体鉴定的基础。不同年龄的肉羊，生长发育、产肉性能和肥育方式均不相同，其鉴定标准亦不相同，因此在其他鉴定之前，应首先进行年龄鉴定。肉羊的年龄一般可以通过外貌大致了解羊只年龄，也可以根据育种记录、耳标准确了解，但在无育种记录及耳标的情况下，只能根据牙齿的更换和磨损情况进行初步判定。正规种羊场，有个体出生的准确记录，通过查看记录便知确切年龄，但在记载不详、卡片丢失、耳标不详以及市场交易等情况下进行年龄鉴定时，比较可靠的方法是牙齿鉴定法。由于牙齿生长发育、形状、脱换、磨损、松动有一定的规律，因此可利用这个规律比较准确地进行年龄鉴定。

一、羊的齿式

羊无上门齿和犬齿，上门齿的位置被角质化的切齿板（齿垫）代替，下门齿有 8 枚，亦称切齿，最中间的 1 对叫钳齿，亦称第一对门齿，其外面的 1 对叫内中间齿，再外面的 1 对叫外中间齿，最外面的 1 对叫隅齿。臼齿分前臼齿和后臼齿，上下颌两侧各有 3 对。

门齿的形状呈现圆柱形，但其形状不是匀称的。从门齿的外形看，分为齿冠（露出齿龈部分）、齿根（埋藏在齿龈部分）和齿颈（齿龈与齿冠中间的收缩部分）3 部分，其中齿冠的横断面最大，其次是齿颈，再次是齿根。从纵断面看，门齿分为釉质（包围在齿冠部分齿质的外层）、齿质（齿腔的外层）、齿髓（牙齿的中心）和垩质（门齿的最外层）4 部分。

根据牙齿发生的先后顺序，分为乳齿和永久齿，幼年羊乳齿 20 枚，无后臼齿，成年羊的牙齿叫永久齿，32 枚。乳齿和永久齿的齿式见表 2–4–1。

表 2–4–1　乳齿和永久齿齿式

单位：枚

评价项目		门齿	犬齿	前臼齿	后臼齿	合计
乳齿	上颌	0	0	6	0	6
	下颌	8	0	6	0	14
永久齿	上颌	0	0	6	6	12
	下颌	8	0	6	6	20

二、乳齿和永久齿的区别

乳齿和永久齿的区别明显。乳齿呈乳白色，细小而相对长，齿间有空隙，永久齿颜色发黄，宽大而相对短，排列整齐，齿间无空隙。乳齿与永久齿的区别见表2–4–2。

表2–4–2　乳齿与永久齿的区别

特征	乳齿	永久齿
齿形	小，薄，有齿颈	粗壮，齿冠长
齿间空隙	有且大	无
颜色	洁白	齿根呈棕黄色，齿冠色白而微黄
排列	不整齐	整齐

三、鉴定方法

（一）耳标判断法

耳标判断法多用于种羊场或一般羊场的育种群。为了做好羊的育种工作，每只羊都要戴耳标，并编上耳标号。通常的编号方法是：父本和母本品种用其第一个汉字或汉语拼音的第一个大写字母表示；第三、四位数字表示年号，取公历年份的最后两位数字；第五至第七位表示个体编号；尾数单号代表公羔，双数代表母羔，如系双羔，可在编号后加“—”标出1或2。如：某母羊2022年出生，双羔，其父本为无角道赛特羊（D字表示），母本为小尾寒羊（H表示），羔羊个体编号为132，则该羊完整的编号为DH22132–1，即该只羊从耳标便可以看出是2022年第132个出生。

（二）牙齿判断法

1. 根据门齿的发育规律来判断

羔羊初生时长出第1对乳钳齿，生后1～2周长出乳内中间齿，生后2～3周长出乳外中间齿，生后3～4周长出乳隅齿。

2. 根据乳齿更换时间来判断

1～1.5岁乳钳齿更换，1.5～2.0岁乳内中间齿更换，2.5～3.0岁乳外中间齿更换，3.5～4岁乳隅齿更换。到4岁时，4对乳门齿全部更换为永久齿，一般称为“齐口”或“满口”。

3. 根据门齿的磨损程度来判断

4岁以上的羊，主要根据门齿的磨损程度来判断年龄。5岁钳齿出现齿面磨平，称为“老满口”。6岁钳齿齿面呈方形。7岁齿龈凹陷，牙齿向前方斜出，齿冠变狭小，称为“漏水”。8岁牙齿松动或脱落，称为“破口”。牙床只剩下点状齿时，称为“老口”，年龄已在8岁以上。9岁以上，牙齿基本脱落，称为“光口”。羊的牙齿更换时间及磨损程度与很多因素有关，如个体特征、品种以及采食的饲料种类等，其误差程度依各人的经验不同而异，一般情况下，误差不超过0.5岁，因此，以牙齿判断年龄只能提供参考（表2–4–3）。

表 2–4–3 羊年龄判断表

羊的年龄	乳门齿长出、更换及永久齿的磨损	习惯叫法
1 周龄	乳钳齿长出	
1 ～ 2 周龄	乳内中间齿长出	
2 ～ 3 周龄	乳外中间齿长出	
3 ～ 4 周龄	乳隅齿长出	
1.0 ～ 1.5 岁	乳钳齿更换	对牙
1.5 ～ 2.0 岁	乳内中间齿更换	四齿
2.5 ～ 3.0 岁	乳外中间齿更换	六齿
3.5 ～ 4.0 岁	乳隅齿更换	新满口
5 岁	钳齿齿面磨平	老满口
6 岁	钳齿齿面呈方形	
7 岁	内外中间齿齿面磨平	漏水
8 岁	开始有牙齿脱落	破口
9 岁	牙齿基本脱落	光口

四、门齿的更换与磨损规律

为了便于记忆和运用，将羊牙齿随年龄的变化规律，总结出如下三字顺口溜：“一岁半，中齿换，到两岁，换两对，两岁半，三对全，满三岁，牙换齐，四磨平，五齿星，六现缝，七露孔，八松动，九掉齿，十磨净，请记清。”

任务目标

通过实际观察，掌握肉羊年龄鉴定的基本方法和要领，为肉羊生产实践中进行个体综合品质评定和选种、选育奠定基础。

任务材料

同一品种不同年龄的肉羊若干只、羊门齿标本（模型）、门齿构造图、年龄判断表、鼻钳等。

任务实施

一、羊只保定

通过助手帮助保定，也可以一个人单独操作。

二、年龄判断

（一）外貌判断法

观察羊的外貌，结合体型、被毛、精神状况等大致判断羊的年龄。

（二）耳标判断法

根据羊只编号判断年龄。

（三）牙齿判断法

1. 观察门齿构造图、标本

观察门齿构造图、标本，区别乳齿和永久齿，判断门齿磨面形状，根据门齿的情况判断年龄。

2. 根据牙齿判断羊的年龄

鉴定人员站在被鉴别羊头部左侧附近，用徒手法打开上下颌。观察门齿更换及磨损情况，参照年龄判断表判定年龄。

肉羊年龄鉴定任务评价见表 2–4–4。

表 2–4–4　肉羊年龄鉴定任务评价表

评价项目	评价指标	配分	得分
思想道德素质	爱党爱国、理想信念、遵纪守法等表现	15	
基本素质	爱岗敬业、诚实守信、积极进取等表现	10	
通用能力	工作态度、团队协作、沟通能力等表现	10	
专业能力	羊只保定	5	
	外貌判断年龄	10	
	耳标判断年龄	15	
	门齿构造图、标本的认识	15	
	牙齿判断年龄	20	
合 计		100	

将鉴别结果填入表 2–4–5，并分析误差原因。

表 2-4-5 年龄鉴定表

品种	羊号	性别	门齿的更换及磨损情况	外貌情况	鉴别年龄	实际年龄	误差原因

项目三　肉羊产肉性能

项目目标：

◎了解肉羊屠宰方法和步骤

◎掌握肉羊胴体分割方法

◎掌握肉羊胴体性状测定的方法和技术要领

◎掌握羊肉的正确贮藏方法

思政目标：

◎培养学生尊重生命、爱护动物的职业素养

◎树立学生安全意识和规范意识

◎培养学生精益求精的工匠精神

任务一　肉羊的屠宰测定

任务导读

一、肉羊屠宰

（一）屠宰前准备

选健康羊只。准备屠宰的肉羊，宰前必须进行健康检查。凡发现口、鼻、眼有过多的分泌物，行动异常，呼吸困难等，一般暂不能作为商品羊屠宰。患传染病的羊也不能用于屠宰。此外，注射炭疽芽孢杆菌疫苗的羊在 14 d 内也不得屠宰出售羊肉。只有经过临床健康检查合格的羊只，才能屠宰生产商品羊肉。

宰前停食停水。宰前 24 h 停止饲喂，宰前 2 h 停止饮水。

（二）屠宰

随着科学技术的发展，工厂化屠宰是现代文明和社会进步的重要标志。屠宰厂多采用机械、半机械化屠宰方式。

人工屠宰按以下步骤操作：

1. 放血

（1）固定好羊只，注意不要让羊惊慌和过分挣扎，以免引起血液流入肌肉造成内脏和尸体放血不全。

（2）用尖刀在下颌角附近横向切断皮肤、颈动脉和气管，羊头朝下充分放血致死。

2. 剥皮

（1）用尖刀在腹中线先挑开皮层，沿着胸部中线挑至下腭唇边，然后回手沿中线向后挑至肛门（公羊绕开阴囊），再从两前肢和两后肢内侧切开两横线，直达蹄间，垂直于胸腹部纵线，再沿蹄冠环切。尾部皮肤从肛门处沿尾内侧中线挑至尾尖。

（2）用拳击法剥下羊皮，尽量少用刀剥以免损伤皮板。皮板上力求不带肉脂。公羊的阴囊皮要尽可能留在皮上。

（3）将剥下的皮张毛面向下平铺地面或撑开钉于土墙上。晾干、防腐收存。

3. 去头、蹄

用砍刀从枕环关节和第 1 颈椎间切断去头。用砍刀从前肢桡骨以下、后肢胫骨以下切断去蹄。

4. 开膛

用尖刀沿腹中线开膛，留肾及肾脂肪，其余内脏全部出膛。

二、胴体称重和性状测量

胴体静置 30～40 min 后称重，分别称出头、蹄、毛皮、心、肝、肺、脾和花油的重量。称量胃及其内容物总重、胃净重。称量大肠及其内容物总重、大肠净重；小肠及其内容物总重、小肠净重。测量大肠和小肠各自的总长度。

称重结束后立即测量有关胴体性状。观察胴体表面脂肪覆盖面积大小，胴体长、宽及围度大小，肌肉厚实程度，骨骼粗细等。

（1）胴体长：肩关节前缘至坐骨结节后缘的直线距离。

（2）胴体深：第 7 胸椎棘突处体表，通过第 7 肋骨的垂直长度。

（3）胴体胸深：第 3 胸椎棘突处体表至胸骨下缘的垂直长度。

（4）胴体后腿围：胫、股骨连接处，即后膝处的水平围度。

（5）背脂厚度：第 6 胸椎处的脂肪厚度。

（6）胸肌厚度：第 3～4 对肋骨间靠近胸骨处的肌肉厚度。

三、产肉性能测定

（一）胴体重

胴体重指屠宰放血后剥去毛皮、去头、内脏及前肢腕关节和后肢关节以下部分，整个躯体（包括肾及其周围脂肪）静置 30 min 后的重量。

（二）屠宰率

屠宰率指胴体重加内脏脂肪（包括大网膜和肠系膜脂肪）和脂尾重，与羊屠宰前活重（宰前空腹 24 h）之比。

$$\text{屠宰率（\%）} = \frac{\text{胴体重} + \text{内脏脂肪} + \text{脂尾重}}{\text{屠宰前活重}} \times 100$$

（三）胴体净肉率

$$\text{胴体净肉率（\%）} = \frac{\text{胴体重} - \text{骨重}}{\text{胴体重}} \times 100$$

（四）净肉重

净重肉是将胴体剔除全部骨以后的净肉重量。要求在剔肉后的骨头上附着的肉量及损耗的肉屑量不能超过 300 g。因此在剔骨的时候应当精细，尽可能地剔尽骨上的肌肉。

（五）骨肉比

$$骨肉比（\%）= \frac{胴体净肉重}{胴体骨重} \times 100$$

（六）眼肌面积

眼肌面积是第 12 ～ 13 对肋骨之间脊椎上背最长肌的横截面积。用硫酸纸绘出横截面的轮廓，再用求积仪计算其面积或用经验公式计算：

眼肌面积（cm^2）= 眼肌高度 × 眼肌宽度 ×0.7

（七）GR 值

GR 值是第 12 ～ 13 对肋骨间距脊中线 11 cm 处的组织厚度（图 3–1–1），是胴体脂肪含量的指标。

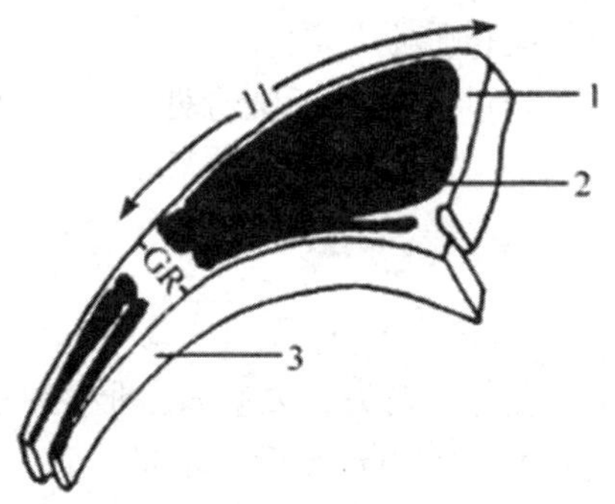

1. 背脊；2. 肌肉；3. 第 12 肋骨。

图 3–1–1　测定 GR 值部位示意图

表 3–1–1　GR 值大小与胴体膘分的关系

GR 值 /cm	胴体膘分
0 ～ 0.5	1（很瘦）
0.6 ～ 1	2（瘦）
1.1 ～ 1.5	3（中等）
1.6 ～ 2.0	4（肥）
2.1 以上	5（极肥）

（八）皮下脂肪覆盖度

皮下脂肪覆盖度是皮下脂肪面积占胴体表面积的百分数。用硫酸纸绘出皮下脂肪的轮廓并求出其面积。

胴体面积 = 胴体长 × 胴体代表围（第 7 胸椎棘突处绕胸廓一周的长度）

（九）胴体形态

胴体形态指胴体外部的特征和形态。理想的胴体形态特征是：躯体短粗，骨骼细，背腰宽平，背部肌肉厚实而匀称，后躯发育良好，臀部肌肉丰满，腿骨较短，将胴体倒挂起来，两后腿之间呈“U”形，而不呈“V”形。

（十）胴体品质

胴体品质主要根据瘦肉的颜色、多少及分布情况、脂肪的含量与分布、肉的嫩度、多汁性以及味道进行评定。品质良好的羔羊胴体，表面有一层薄的脂肪覆盖，肉色鲜红或淡红色，脂肪白色，质地坚实，膻味轻，无异味，结缔组织少。绵羊肥羔胴体呈大理石状，山羊肌肉切口不呈大理石状，但以肌肉表面覆盖有脂肪为好。

四、胴体分割

羊的胴体价值取决于胴体的大小、切块的感官品质和每个切块的商业价值，而羊屠宰后胴体的处理与胴体价值密切相关。绵、山羊的胴体大致可以分割为八大块（图 3-1-2），这八大块分为三个商业等级：肩背部和臀部属于一等，颈部、胸部和腹部属于二等，颈部切口、前腿和后小腿等部位属于三等。

将胴体从中间分成两片，形成前躯和后躯两部分。前躯肉与后躯肉的分切界限是：第 12 对与第 13 对肋骨之间，即在后躯肉上保留着一对肋骨。前躯肉包括肋肉、肩肉和胸肉，后躯肉包括后腿及腰肉。

（1）后腿肉：从最后腰椎处横切。

（2）腰肉：从第 12 对肋骨与第 13 对肋骨之间横切。

（3）肋肉：从第 4 对肋骨处起，包括肩胛部在内的整个部分。

（4）胸肉：包括肩部及肋软骨下部和前腿肉。

（5）腹肉：整个腹下部分的肉。

胴体上最好的肉为后腿肉和腰肉，其次为肩肉，再次为肋肉和胸肉。

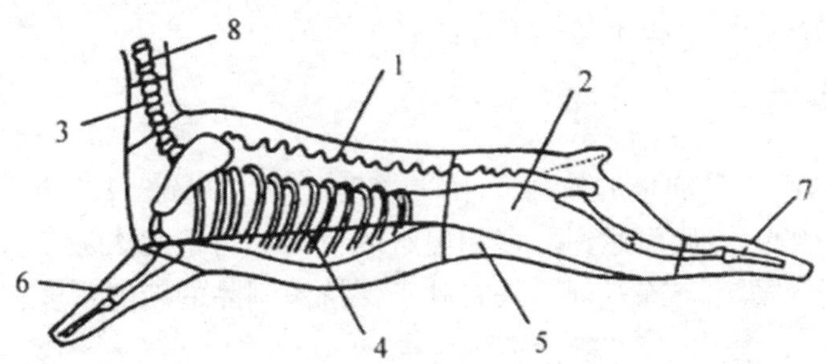

1. 肩背部；2. 臀部；3. 颈部；4. 胸部；5. 腹部；6. 前腿；7. 后小腿；8. 颈部切口。

图 3-1-2　羊胴体切块示意图

五、羊肉贮藏

为了保证羊肉的营养价值，延长保质时间，对羊肉进行正确的贮藏至关重要。根据保存环境条件和季节，选用不同的贮藏方法。

（一）低温贮藏

低温贮藏法即羊肉的冷藏，在冷库或冰箱中进行，是羊肉和羊肉制品贮藏中最为实用的一种方法。在低温条件下，尤其是当温度降到 -10℃以下时，羊肉中的水分就结成冰，形成细菌不能生长发育的环境。但当羊肉被解冻复原时，由于温度升高和肉汁渗出，细菌又开始生长繁殖。所以，利用低温贮藏肉品时，必须保持一定的低温，直到食用或加工时为止，否则就不能保证羊肉的质量。根据贮藏方法的不同，羊肉可分为冷却羊肉和冷冻羊肉两种。

1. 冷却贮藏

冷却贮藏是指肉在0℃左右的条件下进行贮藏。肉在放入冷库前，先将库温降到 -4℃，肉入库后，保持 -1 ～ 0℃之间。此法能保持肉的颜色和状态，方法简单易行，安全可靠，肉可贮藏 10 ～ 14 d。

2. 自然冷冻

在我国北方、青藏高原和川西北地区，冬季气温常达 -20℃，可采用自然冷冻贮存。将羊胴体平直堆放于室外，用干草等封垛，再将冷水泼在垛的表面使其结冰。此法能短期冷冻贮藏羊肉，但应在冬季内将羊肉迅速调运。

3. 冷库冷冻

（1）冷冻胴体。在进料前将冷房内的温度降低至 -12℃，将屠宰后的羊胴体立即放入冷冻房内进行快速冷却，约经 1 h，胴体中大部分水冻结成冰。然后，将冷却胴体放入冷藏室中贮藏。冷库的温度，要求低于 -18℃，羊肉的中心温度保持在 -15℃以下。此法可长期保存羊肉，但需要专门的制冷设备和建筑，费用高，常在专业屠宰场中进行。

（2）冷冻卷羊肉。将体重 20 kg 左右的肉羊屠宰后剥皮，除去内脏、脂肪、头、蹄、骨及韧带，分左右两块分别卷成约 2.5 kg 的圆筒状，用无毒塑料纸封装，放入箱内速冻贮藏。此种羊肉主要用于外销。

贮藏羊肉的冷库，应符合卫生要求，每批产品入库前要进行清理、消毒。存放时，不同肉类产品要隔离存放，防止互相串味而影响质量。

（二）辐照贮藏

辐照贮藏是利用一定剂量的放射元素钴 -60（^{60}Co）、铯 -137（^{137}Cs）辐照肉来杀灭病原微生物及腐败菌，从而达到贮存和保鲜的目的。由于此法是在温度不升高的情况下进行杀菌，免除冻结和解冻过程，故有利于保持肉制品的新鲜程度，是较为先进的食品保鲜方法。

（三）热处理

在肉品保存中有两种热处理方法，即巴氏杀菌和高温灭菌。

巴氏杀菌是将肉在＜ 100℃的水或蒸气中处理，使肉中心温度达到 65 ～ 75℃并保持 10 ～ 30 min 的杀菌方法。

高温灭菌是将肉在 100 ～ 121℃高温下处理的灭菌方法。

（四）真空和充气包装贮藏

真空包装是采用气密性的复合包装袋，在真空度为 -0.4 ～ 0.8 MPa 条件下，通过真空包装机对肉进行包装。

充气包装是通过改变包装容器或包装袋内气体的浓度来控制腐败微生物的新技术。常用的气体是二氧化碳、氧气和氮气，二氧化碳、氧气和氮气按一定比例有机组合的气调贮藏是非常有效的，如 10% 二氧化碳、5% 氧气和 85% 氮气组合，可使鲜肉的货架期达 10 d 以上。

任务目标

通过技能操作，学会羊的屠宰和产肉性能测定方法，掌握羊肉贮藏方法。

任务材料

健康绵羊或山羊若干只。砍刀、解剖刀、软尺、磨刀石、盆（盘子）、砧板、小钢尺、台秤或杆秤、绳索、电炉、锅、硫酸纸。

任务实施

一、宰前准备

实验羊只宰前 24 h 停食，2 h 停水，鉴定年龄、性别并称重，将结果填入表 3–1–2。

二、屠宰

固定好羊只开始放血、用拳击法剥下羊皮、去头、去蹄、开膛。

三、称重

净膛后的胴体静置 30 ～ 40 min 后称重，将结果记入表 3–1–2。

表 3–1–2　羊屠宰记录表

试验日期：　　　　试验人员：　　　　单位：kg、cm

羊号				
性别				
年龄				
宰前活重				
头重				

续表

蹄重					
毛皮重					
心重					
肝重					
肺重					
脾重					
胃	胃及其内容物总重 胃净重				
小肠	小肠及其内容物总重 小肠净重 小肠长度				
大肠	大肠及其内容物总重 大肠净重 大肠长度				
花油重					

四、性能测定

测量有关胴体性状，并将测量结果记入表 3–1–3。

表 3–1–3 羊胴体性能测量记录表

测量人员：　　　　　　　　　　　　　　单位：cm、cm^2、%

羊 号				
性 别				
年 龄				
胴体长				
胴体深				
胴体胸深				
胴体后腿围				
背脂厚度				
胸肌厚度				
眼肌面积				
GR 值				
胴体重				
净肉重				
骨重				
屠宰率				
净肉率				

五、胴体剖分

先将胴体沿脊中线劈成左右对等的两片，然后把每片胴体分割成 8 块，将各部分肉骨分离并称重，称量结果填入表 3–1–4。

表 3–1–4　羊胴体剖分记录表

羊号：　　　　　　　　试验人员：　　　　　　　　　　　　　　　　单位：kg

部位	肩背部		臀部		颈部		胸部		腹部		颈部切口		前腿		后小腿		合计		总计
	左	右	左	右	左	右	左	右	左	右	左	右	左	右	左	右	左	右	
肉																			
骨																			
合计																			

肉羊的屠宰测定任务评价见表 3–1–5。

表 3–1–5　肉羊的屠宰测定任务评价表

评价项目	评价指标	配分	得分
思想道德素质	爱党爱国、理想信念、遵纪守法等表现	15	
基本素质	爱岗敬业、诚实守信、积极进取等表现	10	
通用能力	工作态度、团队协作、规范操作等表现	10	
专业能力	屠宰前准备	5	
	屠宰	15	
	称重	15	
	产肉性能测定	15	
	胴体剖分	15	
合 计		100	

任务二　羊肉的品质评定

任务导读

羊肉纤维细嫩，其所含氨基酸的种类和数量能完全满足人体的需要，特别是羔羊肉，具有瘦肉多、肌肉纤维细嫩、脂肪少、腥味轻、味美多汁、容易消化等特点，颇受消费者欢迎。

羊肉性热、味甘，是适宜于冬季进补及补阳的佳品。中国古代医学认为，羊肉是助元阳、补精血、疗肺虚、益劳损、暖中胃之佳品，是一种优良的滋补强壮药。

对羊肉品质的评定，既要重视评定外观和质地，还要深入地分析各类营养物质的含量，化学组成成分以及肉质性状，如肉色、嫩度、系水力（或失水性）、酸碱度（pH）、熟肉性、氨基酸含量、微量元素含量、维生素含量等。

一、肉色

肉色是指胴体肌肉的颜色，主要由肌肉中的肌红蛋白和肌白蛋白的比例决定，也与羊的性别、年龄、是否育肥、宰前状态、放血是否充分、宰后冷却、冷冻等有关。肌红蛋白的含量越多，羊肉的颜色越红。一般羔羊肉中肌红蛋白的含量为 3 ～ 8 mg/g，成年羊肉中含量为 12 ～ 13 mg/g。高营养水平和含铁少的饲料所喂的羊，其肌肉中肌红蛋白少，肌肉色泽较淡。剥离后的羊肉，放置在空气中经过一定时间，其肉可以由暗红色变成鲜红色或褐色。肌肉颜色的变化大都是由于肌红蛋白分子氧化造成。冷却、冻结或经过长期贮藏的羊肉，肉的颜色也会发生变化，这是肌红蛋白受空气中氧气作用的缘故。

羊肉的颜色可以采用目测法和仪器测定。

（一）目测法

通常取宰后 1 ～ 2 h 的最后一个胸椎处背最长肌（眼肌）为样品，在 4℃冰箱中冷却 24 h。在室内自然光度下（避免在阳光直射下或在室内阴暗处评定），目测新鲜切面，灰白色评为 1 分，微红色为 2 分，鲜红色为 3 分，微暗红色评 4 分，暗红色评为 5 分，两级之间允许评 0.5 分。也可用美式或日式肉色评分图对比，凡评为 3 ～ 4 分者属正常肉色。但目测法的准确性较差。

（二）仪器测定法

用仪器测定肌肉的颜色，其原理是用单一波长的光线测定肌肉的反射值，肌肉颜色越浅反射值越高。肉色测定仪主要用于对肉制品的检测和肉质品质检测。

二、气味

膻味是绵、山羊肉所固有的一种特殊气味，是代谢的产物。膻味使羊肉烹调成食品后具有一种特殊的风味。

对羊肉膻味的鉴别，最简便的方法是蒸煮品尝，取前腿肉 500 ～ 1 000 g 放入锅内蒸 60 min，取出切成薄片，放入盘中，不添加任何佐料，凭咀嚼感觉来判断膻味的浓淡程度。

一般公羊肉比母羊肉膻味重，老龄羊肉比幼龄羊肉膻味重，未去势羊肉比去势羊肉膻味重，山羊肉比绵羊肉膻味重。

三、嫩度

羊肉的嫩度是指人食肉时对肉撕裂、切断和咀嚼时的难易，以及咀嚼后在口中残留肉渣的大小和多少的总体感觉。嫩度评定通常采用仪器评定和品尝评定两种方法。

仪器评定目前主要采用 C–LM 型肌肉嫩度计测定肌肉的剪切值，以 kg 为单位表示，数值愈小，肉愈细嫩。口感品尝法通常是取后腿或腰部肌肉 500 g 放入锅内蒸 60 min，取出切成薄片，任意添加佐料，品尝者根据咀嚼肌肉碎裂的程度进行评定，越易碎裂则表示越嫩。

四、大理石纹

大理石纹指肉眼可见的肌肉横切面红色中的白色脂肪纹状结构，其中红色为肌纤维细胞，白色为肌纤维束间的结缔组织和脂肪细胞。若白色纹理多而显著，表示肌间脂肪含量多，肌肉多汁性好。

现在常用的评定肌肉大理石纹的方法是借用大理石纹评分标准图对照评定。取第一腰椎处背最长肌鲜肉样，在 0 ～ 4℃冰箱中冷却 24 h 后横切，根据切面的纹理结构与标准图谱对比。只有痕迹纹状结构的评为 1 分，微量评为 2 分，少量评为 3 分，适量评为 4 分，过量评为 5 分。

五、酸碱度（pH）

羊只宰杀后，在一定条件下经过一定时间所测得的 pH 称为酸碱度。通常用酸度计在室温下进行测定。通常新鲜绵羊肉的 pH 5.6 ～ 6.3，山羊肉的 pH 5.8 ～ 6.4，贮存时间越长，羊肉的新鲜度越低，pH 越高。

六、失水率

羊屠宰后，肌肉蛋白质变性最重要的表现是保持水分的能力下降。失水率是指羊肉在一定的压力条件下，经过一定时间所失去的水分重量的百分比。失水率也间接地反映了肌肉的系水率（保水性）。

测定肌肉的失水率时，取背最长肌腰椎肉，在光滑木板上横切 1 cm 厚的肉样。用特制的直径为 2.523 cm 的取样器于肉片中央钻取供试肉样，立即用感量为 0.001 g 的天平称量。在肉样上、下各覆盖一层医用纱布，纱布外各垫 18 层定性中速滤纸，滤纸外各垫一层硬质塑料板，放置于压力仪的平台上，加压至 35 kg，保持 5 min，撤除压力后立即称取肉样重量。按以下公式计算失水率。

$$失水率（\%）=\frac{肉样加压前重-肉样加压后重}{肉样加压前重}\times 100$$

羊肉系水率，是指羊只肌肉保持水分的能力。用肌肉加压后保存的水量占总水量的百分数表示。羊肉系水率与失水率是一个问题的两个不同概念。系水率高的，则肉的品质好。测定方法是取背最长肌肉样 50 g，按食品分析常规测定法测定肌肉加压后保存的水量占总水量的百分数。

$$系水率（\%）=\frac{肉样总水分-肉样失水量}{肉样总水分}\times 100$$

系水力指当肌肉受到外力作用时，如加压、切碎、冷冻、融冻、贮存、加工等，保持其原有水分与添加水分的能力，是反映胴体肌肉蛋白质结构和电荷变化极敏感的指标。肌肉失水直接影响其风味、嫩度、加工和贮藏性能等。

七、熟肉率

熟肉率指熟肉与生肉的重量比率，主要用于测定肌肉在烹饪过程中的保水情况。熟肉率高，表示肌肉在烹饪过程中的系水力高。

羊只宰后 12 h 内，取一侧腰大肌中段约 500 g，去除肌外膜所附着的脂肪，称重（W_1），然后将样品置于铝蒸锅的蒸屉上，加盖，用沸水在 2 000 W 的电炉上蒸 45 min，取出冷却 30 min，再称熟肉重（W_2）。由下面的公式计算出熟肉率：

$$熟肉率（\%）=\frac{W_2}{W_1}\times 100$$

任务目标

通过技能操作，学会羊肉品质评定。

任务材料

新鲜羊肉若干、色差仪、pH 计、S 型挂钩、一次性透明塑料杯、5 号自封袋、7 号自封袋、滤纸、电子天平、恒温水浴锅、圆形取样器、肌肉嫩度仪、切肉刀。

一、羊肉外观测定

羊肉外观指标见表 3-2-1。

表 3-2-1 羊肉外观指标

项目	指标
色泽	肌肉呈红色，有光泽，脂肪呈白色或淡黄色
组织状态	肌纤维致密，有韧性，富有弹性
黏度	外表微干或有风干膜，切面湿润、不粘手
气味	具有羊肉固有气味，无异味
煮沸后肉汤	澄清透明，脂肪团聚于表面，具羊肉固有的香味
肉眼可见异物	无

二、肉色

用色差仪测定背最长肌的亮度 L*、红度 a* 和黄度 b*。测定部位为胸腰椎结合处背最长肌，将样品修整为 3 cm 厚放置在操作台上，在平整的肌肉切面上随机选择 1 个点测定肉色后旋转样品 45° 再测定 1 次，然后再旋转样品 45° 再测定 1 次，即每个点测 3 次。共测 3 个点，即 3 个平行样。3 个平行样测定结果偏差应小于 5%。

三、大理石纹

由第 12 根与第 13 根肋骨处横切断，目测眼肌横断面间脂肪斑纹质量和数量情况，可对照标样。只有大理石纹痕迹的评 1 分，有微量大理石纹评 2 分，有少量大理石纹评 3 分，有适量大理石纹评 4 分，若是有过量大理石纹的评 5 分。

四、pH

用 pH 计测定背最长肌的 pH。每个肉样测 2 个平行样，每个平行样测定 2 次。2 个平行样测定结果偏差应小于 5%。

五、滴水损失

取胸腰椎结合处背最长肌，剔除表面脂肪和结缔组织，沿肌纤维走向将肉块修整为 5 cm × 3 cm × 2 cm 的长条，用 S 型挂钩挂住肉条一端，悬挂于一次性透明塑料杯内，保证在静置状态下肉块不与杯壁接触。然后将塑料杯置于 7 号自封袋内（规格为 20 cm × 14 cm），使 S 型挂钩上端露出袋口，将袋沿封口封好，置于 0 ～ 4℃冰箱中保存 24 h。若冰箱有挂架，用 S 型挂钩上端挂于挂架，若冰箱无挂架，可将塑料杯直立于冰箱内。24 h 后取出肉块，用滤纸轻轻吸干肉块表面的水分，用精度为 0.001 g 的天平测定悬挂后的肉样重量，计算滴水损失。计算公式如下：

$$滴水损失（\%）=\frac{肉样挂前重-肉样挂后重}{肉样挂前重}\times 100$$

六、熟肉率

取左侧腰大肌中段约 100 g 或背最长肌 30 g，剔除表面脂肪和结缔组织，将样品置于 5 号保鲜自封袋内并（规格为 15 cm × 10 cm）挤尽袋内气体后封口，放置于恒温水浴锅内 100℃水浴 45 min，在室温下（20℃左右）冷却 20 min 后，取出样品用滤纸吸干表面水分，用精度为 0.001 g 的天平测定蒸煮前后肉样重量。计算公式：

$$熟肉率（\%）=\frac{肉样蒸后重}{肉样蒸前重}\times 100$$

七、系水力

肉羊屠宰后 1 ～ 2 h 内，从倒数第 3 ～ 4 胸椎段背最长肌处切取厚度约为 1 cm 的肉样，平置在洁净塑料板上，用直径为 3.85 cm 的圆形取样器（面积为 9.9 cm^2）取样，立即用感量为 0.001 g 的天平秤取肉样。

将肉样上、下各铺垫 48 层吸水性好的普通卫生纸（或 18 层滤纸），在压力仪平台上加压至 35 kg，保持 5 min。解除压力后，立即取出，除去卫生纸（或滤纸）后，称取肉样重。按如下公式计算：

$$系水力（\%）=\frac{加压后肉重}{加压前肉重}\times 100$$

八、剪切力

肉样前处理：取背最长肌剔除表面脂肪与结缔组织，修剪成约 6 cm × 3 cm × 3 cm 的肉样，将样品置于 5 号保鲜自封袋内（规格为 15 cm × 10 cm）并挤尽袋内气体后封口，15 ～ 16℃条件下放置 24 h，再在 4℃条件下熟化 24 h。

取出熟化的肉样，室温下放置 1 h。打开包装袋，用温度计插入肌肉中心部，包装好肉样，保持袋口向上，放入恒温水浴锅内 80℃水浴 1 h，直至肌肉中心温度达 70℃为止，取出肉样吊挂于阴凉干燥处，室温（20℃左右）冷却 20 min。

用直径为 1.27 cm 的圆形取样器沿肌纤维方向取中心部肉样，修剪为约 1.5 cm × 1.0 cm × 1.0 cm 大小，做 10 个肉样重复。然后用肌肉嫩度仪测定剪切力，单位以牛顿（N）表示。记录 10 个肉样的剪切力值，计算其平均值。

任务评价

羊肉的品质评定任务评价见表 3–2–2。

表 3–2–2　羊肉的品质评定任务评价表

评价项目	评价指标	配分	得分
思想道德素质	爱党爱国、理想信念、遵纪守法等表现	15	
基本素质	爱岗敬业、诚实守信、积极进取等表现	10	
通用能力	工作态度、团队协作、规范操作等表现	10	
专业能力	羊肉外观测定	5	
	肉色测定	5	
	大理石纹测定	5	
	pH 测定	10	
	熟肉率测定	10	
	滴水损失测定	10	
	系水力测定	10	
	剪切力测定	10	
合 计		100	

项目四 肉羊饲料加工

项目目标：

◎明确饲料的分类和不同饲料的营养特性，青干草、青贮饲料的种类及特点

◎掌握青干草、青贮饲料的调制方法与品质鉴定

◎掌握常用的饲料配制方法，并在规定时间内独立完成不同生理状态和生产水平下肉羊的日粮配制工作

思政目标：

◎培养学生爱岗敬业的职业素养

◎培养学生分析问题、解决问题的能力

◎培养学生认真负责的职业素养

◎培养学生团结协作能力

任务一　常用饲料的分类与识别

任务导读

饲料工业是实现现代畜牧业智能化的支柱，而饲料原料又是发展饲料工业的物质基础，发展饲料工业和组织饲养必须研究饲料资源及其科学利用的理论与技术，才能有效促进动物生产。

饲料是指在正确饲喂动物的基础上，凡能被动物采食又能为动物提供某种或者多种营养物质且无毒害作用的物质。饲料是动物养殖业的物质基础，既能满足动物营养需要，也能形成动物产品。所有的动物产品都是由动物采食饲料经体内转化而形成的。

一、饲料的分类

饲料种类很多，分布甚广，各种饲料的营养特点与利用价值各异，饲料分类首先要求每一种饲料有一个标准名称，代表该饲料的特性成分及营养价值。凡是同一标准名称的饲料（特性、成分与营养价值基本相同或相似）可以编制全国及全世界饲料营养成分及营养价值表，并用于制定日粮配方。

（一）国际分类法

根据动物营养与饲料加工业的发展，美国哈力士（L.E.Harris,1963）提出了国际饲料分类原则和编码体系，这种分类方法被世界多数国家认可。它根据饲料的特性、成分及营养价值将饲料分为八大类（表 4–1–1）。

1. 粗饲料

粗饲料指自然含水量< 45%，粗纤维≥ 18%，质地较粗硬的饲料。

2. 青饲料

青饲料指自然含水量≥ 45%，颜色青绿的饲料。

3. 青贮饲料

青贮饲料指自然含水量≥ 45%，青贮原料在厌氧条件下，经过乳酸菌发酵调制和保存的一种青绿多汁的饲料。

4. 能量饲料

能量饲料指自然含水量< 45%，粗纤维< 18%，粗蛋白< 20%，且每千克含消化能在 10.46 MJ 以上的饲料。

5. 蛋白质补充料

蛋白质补充料指自然含水量＜45%，粗蛋白≥20%，粗纤维＜18%的饲料。

6. 矿物质饲料

矿物质饲料指可供饲用的天然矿物及工业合成的无机盐类。

7. 维生素饲料

维生素饲料指工业合成或提纯的维生素制剂，不包括富含维生素的天然饲料。

8. 饲料添加剂

饲料添加剂指凡在配合饲料中添加的各种少量或微量成分。

表 4-1-1　国际饲料分类依据原则

饲料类别	饲料编码	划分饲料类别依据		
		水分（自然含水比例）/%	粗纤维（干物质）/%	粗蛋白质（干物质）/%
粗饲料	1-00-000	＜45	≥18	—
青饲料	2-00-000	≥45	—	—
青贮饲料	3-00-000	≥45	—	—
能量饲料	4-00-000	＜45	＜18	＜20
蛋白质补充料	5-00-000	＜45	＜18	≥20
矿物质饲料	6-00-000	—	—	—
维生素饲料	7-00-000	—	—	—
饲料添加剂	8-00-000	—	—	—

（二）中国现行饲料分类法

根据国际饲料分类原则与我国传统饲料分类体系，制定了中国饲料分类和编码系统（表 4-1-2）。我国常使用的饲料分类方法亦称综合分类法。随着信息技术的快速发展，我国在 80 年代初开始建立饲料编码分类体系，该体系根据国际惯用的分类原则将饲料分为 8 大类：粗饲料、青绿饲料、青贮饲料、能量饲料、蛋白质饲料、矿物质饲料、维生素饲料、饲料添加剂。

饲料亚类名称：青绿植物、树叶类、青贮饲料类、饲料添加剂、根茎瓜果类、干草类、农副产品类、油脂类饲料及其他、谷实类、糠麸类、豆类、饼粕类、糟渣类、草籽树实类、动物性饲料类、矿物性饲料类、维生素饲料类。

1. 粗饲料

植物地上部分经收割、干燥制成的干草或草粉（1-05-0000），农副产品，秸秆、秕壳、藤蔓、荚皮、秸秧等。

2. 青绿饲料

野生饲草，栽培牧草（2-02-0000），水生饲料，各种鲜树叶、野菜及蔬菜类，以及一些块根、块茎和瓜果类。

3. 青贮饲料

秸秆及草本植物等青贮原料在厌氧条件下，经过乳酸菌发酵调制和保存的一种青绿多汁的饲料。

4. 能量饲料

谷实类（4–07–0000）和粮食加工副产品糠麸类（4–08–0000），一些草籽和树实类（4–12–0000）。

5. 蛋白质饲料

豆类（5–09–0000）、饼粕类（5–10–00000）、动物性饲料（5–13–0000）、氨基酸及非蛋白氮产品。

6. 矿物质饲料

天然矿物及工业合成的无机盐类（6–14–0000）。

7. 维生素饲料

工业合成或提纯的维生素制剂，不包括富含维生素的天然饲料（7–15–0000）。

8. 饲料添加剂

非营养性添加剂（8–16–0000），如各种抗生素、防霉剂、抗氧化剂、黏结剂、疏散剂、着色剂、增味剂等。

表 4–1–2 中国饲料分类编码

饲料类别	饲料编码	划分饲料类别依据		
		水分（自然含水比例）/%	粗纤维（干物质）/%	粗蛋白质（干物质）/%
一、青绿饲料	2–01–000	> 45	—	—
二、树叶				
1. 鲜树叶	2–02–000	> 45	—	—
2. 风干树叶	1–02–000	—	≥ 18	—
三、青贮饲料				
1. 常规青贮饲料	3–03–000	65–75	—	—
2. 半干青贮饲料	3–03–000	45–55	—	—
3. 谷实青贮饲料	4–03–000	28–35	< 18	< 20
四、块根、块茎、瓜果				
1. 含天然水分的块根、块茎、瓜果	2–04–000	≥ 45	—	—
2. 脱水块根、块茎、瓜果	4–04–000	—	< 18	< 20
五、干草				
1. 第一类干草	1–05–000	< 15	≥ 18	—
2. 第二类干草	4–05–000	< 15	< 18	< 20

续表

饲料类别	饲料编码	划分饲料类别依据		
		水分（自然含水比例）/%	粗纤维（干物质）/%	粗蛋白质(干物质）/%
3. 第三类干草	5–05–000	＜15	＜18	≥20
六、农副产品				
1. 第一类农副产品	1–06–000	—	≥18	—
2. 第二类农副产品	4–06–000	—	＜18	＜20
3. 第三类农副产品	5–06–000	—	＜18	≥20
七、谷实	4–07–000	—	＜18	＜20
八、糠麸				
1. 第一类糠麸	4–08–000	—	＜18	＜20
2. 第二类糠麸	1–08–000	—	≥18	—
九、豆类				
1. 第一类豆类	5–09–000	—	＜18	≥20
2. 第二类豆类	4–09–000	—	＜18	＜20
十、饼粕				
1. 第一类饼粕	5–10–000	—	＜18	≥20
2. 第二类饼粕	1–10–000	—	≥18	≥20
3. 第三类饼粕	4–08–000	—	＜18	＜20
十一、糟渣				
1. 第一类糟渣	1–11–000	—	≥18	—
2. 第二类糟渣	4–11–000	—	＜18	＜20
3. 第三类糟渣	5–11–000	—	＜18	≥20
十二、草子、树实				
1. 第一类草子、树实	1–12–000	—	≥18	—
2. 第二类草子、树实	4–12–000	—	＜18	＜20
3. 第三类草子、树实	5–12–000	—	＜18	≥20
十三、动物性饲料				
1. 第一类动物性饲料	5–13–000	—	—	≥20
2. 第二类动物性饲料	4–13–000	—	—	＜20
3. 第三类动物性饲料	6–13–000	—	—	＜20
十四、矿物质饲料	6–14–000	—	—	—
十五、维生素饲料	7–15–000	—	—	—
十六、饲料添加剂	8–16–000	—	—	—
十七、油脂类饲料及其他	4–17–000	—	—	—

二、饲料编码

国际饲料编码对每类饲料用6位数字表示编码。其中，第一位数字代表饲料的类别，随后数字代表同类别饲料根据调制加工方法、成熟时期、等级以及质量等进行编码。

中国饲料分类法将饲料分为8大类、17亚类、37小类，并对每类饲料以相应的中国饲料编码。其中，第一位数为国际饲料编码，第二、三位为中国饲料编码的亚类编号，第四、五、六、七位代表饲料的个体编号，例如玉米的编码为4-07-0279，说明玉米为第4大类能量饲料，07表示属第7亚类谷实类，0279为该玉米属性编码。

任务目标

通过观察提供的饲料标本和实物，描述其典型感官特征，并根据营养特性对饲料进行正确的国际分类和中国饲料分类。

任务材料

搪瓷盘、镊子、显微镜、各类粗饲料、青绿饲料、能量饲料、蛋白质饲料、矿物质饲料、维生素饲料、饲料添加剂、饲料标本、饲料图片和视频。

任务实施

（1）根据提供的饲料材料、饲料识别工具，对照国际饲料和中国饲料分类法对饲料进行分类。能够准确描述各类饲料的营养特性，根据同类饲料的外观特点、调制方法、成熟阶段等区分饲料品种和名称。

（2）根据饲料分类方法，结合实际，识别当地饲料，并对其进行分类和编码。

任务评价

常用饲料的分类与识别任务评价见表4-1-3。

表4-1-3 常用饲料的分类与识别任务评价表

评价项目	评价指标	配分	得分
思想道德素质	爱党爱国、理想信念、遵纪守法等表现	15	
基本素质	爱岗敬业、诚实守信、积极进取等表现	10	
通用能力	团队协作、沟通能力、自学能力等表现	10	
专业能力	仪器设备识别	10	
	各类饲料的取用方法	5	
	各类饲料的感官特性描述	10	
	各类饲料的分类	20	
	各类饲料的编码	10	
	当地饲料的举例分类	10	
合 计		100	

结果整理

对照国际饲料分类表和中国饲料分类表，将提供的饲料进行识别，结果填入饲料分类编码结果整理表中。见表 4–1–4。

表 4–1–4　饲料分类编码结果整理表

饲料类别与名称	饲料编码	划分饲料类别依据		
		水分（自然含水比例）/%	粗纤维（干物质）/%	粗蛋白质（干物质）/%

任务二　青干草的调制及品质鉴定

任务导读

青干草是指青绿饲料植物蒸发水分，制成干草后仍然保留一定青绿颜色的草。干制青干草的目的是保存青干草的营养成分，便于随时取用，在没有青饲料的季节代替青饲料，见图 4-2-1。

图 4-2-1　青干草

一、青干草的种类

按原料的不同可分为栽培青干草和天然草地青干草两大类。栽培青干草又分豆科青干草（紫花苜蓿、草木樨、三叶草等）和禾本科青干草（燕麦、大麦、苏丹草等）。天然草地青干草主要是禾本科的羊草、芨芨草、披碱草、冰草和少量的豆科、莎草科、菊科牧草。也可分为自然干燥和人工干燥的青干草。

二、常用青千草的营养特点

（一）天然草地青干草

天然草地青干草是指将未经改良，用于畜牧业的天然草本植物调制的青干草。我国的天然草地主要集中分布在我国西北部、西南部的内蒙古、西藏、新疆、青海、四川、甘肃 6 个省（区）。这些地区的天然草地之和，占全国天然草地总面积的 94.5%。主要天然牧草有羊草、芨芨草、披碱草、冰草和少量的豆科莎草科、菊科牧草等。天然草地牧草一般采取自然干燥法，自然干燥的天然青干草，一般水分含量为 8% ～ 9%，粗蛋白质含量为 5% ～ 13%，粗纤维含量为 30% ～ 38%，无氮浸出物含量在 40% 左右。

（二）栽培青干草

栽培青干草是指将经人工栽培，用于畜牧业的草本植物调制的青干草。栽培青干草分为豆科青干草（紫花苜蓿、草木樨、毛苕子）和禾本科青干草（燕麦、大麦、苏丹草）是农区养殖场主要的青干草来源。一般豆科牧草的青干草粗蛋白质含量为 12% ～ 18%，禾本科牧草蛋白质含量为 8% ～ 12%。豆科青干草含有丰富的钙、磷、胡萝卜素、维生素 K、维生素 E、维生素 B 等多种维生素，可以替代精料中的蛋白质不足。

（三）青草粉

青草粉是指将青干草加工成草粉，其营养成分损失较少。优质青草粉营养丰富，含可消化蛋白质 16% ~ 20%，各种氨基酸含量约 6%。

三、青干草的调制方法

（一）自然干燥法

1. 地面晒制干草

青草切割→原地平摊均匀→中午翻晒两次→水分降至 40% ～ 50% →堆成 0.5 m 高的小堆→每天翻晒通风 1 ～ 2 次→ 2 ～ 3 d 即可调制成青干草。

2. 架上晒制干草

青草切割→地面晒 0.5 ～ 1 d →水分降至 40% ～ 50% →草上架→堆成屋脊形或圆锥形，堆中留有通道，便于空气流通。

（二）人工干燥法

人工干燥的原理是扩大牧草与大气间的水分差距，由于空气的高速流动带走了牧草周围的湿气，并且减少了水分移动的阻力，使牧草失水速度加快。目前常用的人工干燥法有鼓风干燥法和高温快速干燥法。

1. 鼓风干燥法

把刈割后的牧草压扁并在田间预干到含水率 50% 时，装在设有通风道的干草棚内，用鼓风机或电风扇等吹风装置进行常温鼓风干燥。这种方法可有效降低牧草营养物质的损失。

2. 高温快速干燥法

将鲜草切短，通过高温气流，使牧草迅速干燥。干燥时间的长短，决定于烘干机的种类和型号，牧草的含水量下降到 15% 以下。烘干机入口温度最高可达 1 000℃。虽然烘干机中热空气的温度很高，但牧草的温度很少超过 30 ～ 35℃。人工干燥法使牧草的养分损失很少，但高温可破坏青草中的维生素 C。

四、调制过程对青干草营养价值的影响

调制过程对青干草营养价值的影响主要有以下几种。一是机械作用引起的损失。受

搂草、翻草、搬运、堆垛等机械作用，叶片、嫩茎、花序易破碎脱落而损失，要求及时收割，及时干制，减少翻动次数。二是植物体生化变化引起的损失。青草切割后，植物细胞呼吸作用进行，损失部分糖和蛋白质，要求选择恰当的干制方法，尽快干制。三是阳光照射与漂白作用造成的损失。调制过程可能会使植物体内的胡萝卜素、叶绿素、维生素 C 几乎全部损失，维生素 D 显著增加，要求及时快速干制。四是雨水淋洗造成的损失。调制过程可能会使可消化蛋白和碳水化合物等可溶性营养物质受到不同程度的损失，要求注意天气变化，选择晴天干制。

五、饲用价值

青干草是牛、羊等反刍动物的主要饲料之一。青干草是缓冲枯草季节青饲料不足的必备饲料，特别是优质青干草，不仅是牛、羊等反刍动物的优质饲料，而且粉碎后可用在猪、鸡、鹿等配合饲料中。

任务目标

借助于试验仪器设备，通过感官、检测化学指标等方法评定青干草质量等级。生产中常用感官判断干草品质。

任务材料

青干草、台秤、天平、计算器、托盘。

任务实施

根据提供的青干草材料，利用工具对照青干草颜色感官判断标准（表 4–2–1），对青干草的叶片含量、形态、成分、含水量以及病虫害情况等进行鉴定。

表 4–2–1　干草颜色感官判断标准

项目	标准
叶片含量	干草叶片的矿物质、蛋白质比茎秆中多 1 ～ 1.5 倍，胡萝卜素较茎秆多 10 ～ 15 倍，纤维素较茎秆少 1 ～ 2 倍，消化率比茎秆高 40%，因此，干草中的叶量多，品质就好。鉴定时取一束干草，看叶量的多少，禾本科牧草的叶片不易脱落，优质豆科牧草干草中叶量应占干草总重量的 50% 以上
形态	适时刈割调制是影响干草品质的重要因素，初花期或以前刈割时，干草中含有花蕾，未结实花序的枝条也较多，叶量丰富，茎秆质地柔软，适口性好，品质佳。若刈割过迟，干草中叶量少，带有成熟或未成熟种子的枝条的数目多，茎秆坚硬，适口性、消化率都下降，品质变劣
成分	干草中各种牧草的比例也是影响干草品质的重要因素，优质豆科或禾本科牧草占有的比例大时，品质较好，而杂草数目多时品质较差
含水量	干草的含水量应为 15% ～ 17%，当含水量在 20% 以上时，不利于贮藏
病虫害	由病虫侵害过的牧草调制成的干草，其营养价值较低，且不利于家畜健康。鉴定时抓一把干草，检查叶片、穗上是否有病斑出现，是否带有黑色粉末等，如果发现带有病症，则不能饲喂家畜

青干草调制的基本原则：加速牧草的脱水，缩短干燥时间，减少由于生理、生化和氧化作用造成的营养损失；保证青干草各部位含水量均匀；坚决杜绝雨水和露水的淋湿，尽量避免在阳光下长期暴晒；集草、聚堆、压捆等作业，应在植物细嫩部分尚不易折断时进行。

任务评价

干草品质鉴定任务评价见表 4–2–2，干草品质鉴定等级标准见表 4–2–3。

表 4–2–2　干草品质鉴定任务评价表

评价项目	评价指标	配分	得分
思想道德素质	爱党爱国、理想信念、遵纪守法等表现	15	
基本素质	爱岗敬业、诚实守信、积极进取等表现	10	
通用能力	团队协作、沟通能力、自学能力等表现	10	
专业能力	仪器设备识别	10	
	叶片含量测定	5	
	牧草形态测定	10	
	牧草组分测定	20	
	含水量测定	10	
	病虫害情况鉴定	10	
合 计		100	

表 4–2–3　干草品质鉴定等级标准（内蒙古自治区）

项目	标准
一级	枝叶鲜绿或深绿色，叶及花序损失不到 5%，含水量 15% ～ 17%，有浓郁的干草芳香气味。但再生草调制的干草香味较淡
二级	绿色，叶及花序损失不到 10%，有香味，含水量 15% ～ 17%
三级	叶色发暗，叶及花序损失不到 15%，含水量 15% ～ 17%，有干草香味
四级	茎叶发黄或发白，部分有褐色斑点，叶及花序损失大于 15%，含水量 15% ～ 17%，香味较淡
五级	发霉，有臭味，不能饲喂家畜

结果整理

对照干草品质鉴定等级标准，将提供的干草进行品质鉴定，并对结果进行考核评定，填入干草品质鉴定等级结果整理表 4–2–4 中，并完成实验报告。

表 4–2–4　干草品质鉴定等级结果整理表

干草样品鉴定描述	鉴定等级	备注

任务三　青贮饲料的调制及品质鉴定

任务导读

青贮饲料是指青饲料在密闭条件下，经过微生物厌氧发酵而调制成的一种柔软多汁、气味芳香、易贮存、可供冬春使用的饲料。青贮发酵可以把适口性差、质地粗硬、木质素含量高的秸秆变成柔软多汁、气味酸甜芳香、适口性好的粗饲料。青贮饲料主要用于反刍家畜，如乳牛、肉牛、乳羊和肉羊等。

常用的青贮原料为青刈带穗玉米即玉米带穗青贮，在玉米乳熟后期收割，将茎叶与玉米穗整株切碎进行青贮，这样可以最大限度地保存蛋白质、碳水化合物和维生素，具有较高的营养价值和良好的适口性，一般用作牛的优质饲料。玉米带穗青贮时其干物质中含粗蛋白 8.4%，碳水化合物 12.7%。

一、青贮的原理和方法

在青贮过程中，应为乳酸菌的生长繁殖创造条件，使其很快地产生足够数量的乳酸。有利于乳酸菌生长繁殖的条件主要有：无氧环境、足够的糖分、适宜的水分、适宜的温度。

（一）无氧环境

乳酸菌的生长繁殖必须在无氧环境中进行，所以在青贮过程中一定要创造无氧环境。在整个操作过程中主要采取以下措施。

1. 切短

青玉米秸切短至 1 cm 以下，鲜甘薯秧和苜蓿草切短至 2 ～ 4 cm，切得越短，装填时可压得更结实，有利于排除里面的空气，缩短青贮过程中微生物有氧活动的时间。此外，青贮原料切得较短，有利于以后青贮饲料的取挖，也便于羊采食，减少浪费。

2. 装窖

切短后的青贮原料要及时装入青贮设备内，可采取边切短边装边压实的办法。贮存时，每装 20 ～ 40 cm 踩实一次，要特别注意踩实四周和边角。

3. 封严

青贮原料装完后必须及时封闭青贮容器，隔绝空气。青贮原料在装窖时进行了踩压，但经数天后仍会发生下沉。因此，装满后（原料高出地面 40 ～ 60 cm）应立即修整，并覆盖塑料薄膜，然后马上压土封实。压土应在 30 cm 以上，且必须高出四周地面，防止雨水灌入。

（二）原料糖分

糖是乳酸菌形成乳酸的原料，足够数量的糖能够使乳酸菌形成足够数量的乳酸。在生产上为了将不易青贮的原料制成优质青贮料，可以改变原料中的含糖量。一般采用添加含糖或含淀粉多的饲料，如用甘薯、马铃薯、禾本科谷实粉等来提高青贮原料中的含糖量。一般要求原料含糖量不得低于 1.5%。玉米等禾本科作物本身为含糖量较多的一类原料，不需要额外加糖。

（三）适宜水分

水分含量是影响青贮饲料质量的关键因素之一。原料的水分含量在 65% ～ 70% 时青贮最为理想。如果原料含水量过低，贮存时不易踩紧，存留大量空气，有利于霉菌、腐生菌等杂菌繁殖，导致青贮饲料霉烂变质。如果原料含水量过高，降低了所含糖分的浓度，则会导致青贮饲料发臭发黏，而且会产生较高的酸度。

青贮原料含水量要达到规定的要求：青贮作物应适期收割，全株带穗青玉米要在整棵下部有 3 ～ 4 张叶变成棕色，青贮玉米秸秆，要在玉米秸有一半以上为绿色。如果原料水分含量过多，可适当晾晒后再青贮或掺入适量的粗糠、粉碎的干草等，来调节含水量；如果原料含水量过少，可适当均匀地洒水或适当掺入含水分多的青绿多汁饲料。合适的含水量应是用手用力握紧原料，指缝露出水珠而不下滴为宜。

（四）适宜温度

乳酸菌的生长繁殖温度为 20 ～ 30℃，否则易使乳酸菌停止活动、原料糖分损失、维生素破坏，从而使青贮饲料品质下降。

总之，制作青贮料时要做到“六随三要”，即随收、随运、随铡、随装、随踏、随封，要铡短、要压紧、要封严，见图 4-3-1。

图 4-3-1　青贮饲料调制

二、青贮饲料的使用

（一）取用

青贮饲料制作一个月，即可利用。一经开窖就得天天取用，防止结冻、雨淋等。取用时应分段开窖、分段取用，每段应从上往下分层利用，切勿全面打开，严禁掏洞取草，尽量减少与空气的接触面，防止霉菌作用，用多少取多少，一般每天取草厚度不应小于 15 cm。取毕后及时盖以草帘或席片。发霉变质的烂草不能饲喂家畜，取出后不要抛撒在窖的附近，应及时送到肥料堆去沤制肥料，见图 4–3–2。

图 4–3–2　取用青贮饲料

（二）喂法、喂量

青贮饲料是反刍动物（牛、羊、鹿）的必备饲料之一，开始时需先经过训练，于空腹时先喂青贮饲料，最初少喂，逐步增加。牛喂量每天按照 5 kg/100 kg 体重、羊每只每天喂 5 ～ 8 kg。青贮饲料按干物质计，用量约占日粮干物质的 50% 以上。由于它有轻泻作用，故对妊娠动物要控制喂量。实践中，喂量应根据青贮饲料品质、动物种类、年龄、生产方向的不同而定。

（三）管护

青贮设备贮好封严后，要防止雨水渗入，如发现窖顶裂缝应及时覆土、压实，还要注意防鼠、防践踏等。青贮饲料在封贮 40 ～ 60 d 后即可开封饲喂，开封前应清除窖顶盖土，开封后注意排水、鉴定品质，取料应随取随喂，以当日喂完为准，切勿取 1 次喂数日，取料面要平滑，尽可能缩小范围。每日取完料后盖严塑料布，清除周围余料，如中途停喂，间隔较长，须按原方法封好。

任务目标

熟悉青贮饲料的原理和调制方法，掌握青贮饲料的感官鉴定和实验室品质鉴定方法，掌握青贮饲料调制和品质鉴定的过程，熟悉和掌握青贮饲料制作各环节的基本知识和操作技术。

任务材料

玉米青贮原料、烧杯、吸管、试管、玻璃杯、比色盘、漏斗、滤纸等材料。

一、玉米青贮饲料的调制

以玉米青贮调制为例，按照青贮的原理和方法，指导学生进行调制。玉米青贮调制过程见表 4–3–1。

表 4–3–1　玉米青贮调制过程

主题		玉米青贮调制
活动地点		
组别		
活动步骤		活动内容
1	前期准备	在学习青贮饲料理论知识后，每年十月左右制作（依据当地玉米成熟时间来定），组织学生到养殖基地分组参加玉米青贮调制
2	原料处理	各组学生分批次用铡草机将青玉米秸切短至 1 ～ 2 cm
3	水分判断及调节	各组学生分别判断玉米秸水分含量。判断方法是用手用力握紧原料，指缝露出水珠而不下滴为宜（即含水量在 65% ～ 70%）。调节水分的方法：如果原料水分含量过多，可适当晾晒后再青贮或掺入适量的粗糠、粉碎的干草等，来调节含水量；如果原料含水量过少，可适当均匀地洒水或适当掺入含水分多的青绿多汁饲料
4	装窖	各组学生分批次轮流进行，边切短边装窖边压实，每装 20 ～ 40 cm 左右时机动车辆压实一次，各小组分区踩实青贮窖的四周和边角，直至窖填满且高出地面 60 cm 左右形成拱背
5	封窖	各组学生分区进行。具体方法是修整窖边沿，先盖一层切短秸秆或软草（厚 20 ～ 30 cm），再铺盖塑料薄膜，然后用土覆盖拍实，厚约 30 ～ 50 cm，并做成馒头型，以利排水

二、青贮饲料品质鉴定

青贮饲料品质鉴定最简单的方法是感官鉴定，如果感官鉴定不能确定品质时，采用实验室鉴定。

（一）感观鉴定

青贮饲料感官鉴定是指从色、香、味和质地四个方面来鉴定。青贮饲料感官评定标准见表 4–3–2。

青贮饲料的颜色近似于原料颜色，说明青贮过程正确。品质良好的青贮料，颜色呈黄绿色；中等呈黄褐色或褐绿色；劣等的为褐色或黑色。

正常青贮饲料的味为酸香味，略带水果香味者为佳，即酸而喜闻者为上等；凡有刺鼻的酸味，表明醋酸含量较多，品质较次，即酸而刺鼻者为中等；霉烂腐败并带有丁酸（臭）味，不宜喂家畜，即臭而难闻者为劣等。

青贮饲料的质地若为拿到手里松散柔软，略带潮湿，不粘手，茎、叶、花仍能辨认清楚即为上等；青贮饲料若结成一团，发黏，分不清原有结构或过于干硬即为劣等。优质青贮饲料见图 4–3–3。

图 4–3–3 优质青贮饲料

表 4–3–2 青贮饲料感官评定标准

感官	等级		
	良好	中等	低劣
颜色	黄绿色，绿色	黄褐色，墨绿色	黑色，褐色
气味	酸味较多	酸味中等或少	酸味很少
嗅觉	芳香味，曲香味	芳香稍有酒精味或醋酸味	臭味
手感	柔软，稍湿润	柔软稍干或水分稍多	干燥松散或粘结成块

（二）实验室鉴定

青贮饲料实验室鉴定的项目，可根据生产需要而定。鉴定时，首先测定青贮饲料的 pH、氨含量、微生物种类及数量，其次测定青贮饲料中各种有机酸和营养物质的含量。标准数据为：pH 在 4.0 ～ 4.5 为上等，在 4.5 ～ 5.0 为中等、在 5.0 以上为劣等。正常青贮料中蛋白质仅分解为氨基酸，如果分解为氨，表示已有腐败过程。

任务评价

青贮饲料的调制及品质鉴定任务评价见表 4–3–3。

表 4–3–3 青贮饲料的调制及品质鉴定任务评价表

评价项目	评价指标	配分	得分
思想道德素质	爱党爱国、理想信念、遵纪守法等表现	15	
基本素质	爱岗敬业、诚实守信、积极进取等表现	10	
通用能力	团队协作、沟通能力、自学能力等表现	10	
专业能力	仪器设备识别	5	
	各类饲料的取用方法	5	
	玉米青贮饲料的原理	10	
	玉米青贮饲料的操作过程	15	
	青贮饲料的感官鉴定	20	
	青贮饲料的实验室鉴定	10	
合 计		100	

结果整理

对照青贮饲料制作与品质鉴定等级标准进行品质鉴定，并对结果进行考核评定，填入青贮饲料的制作与品质鉴定表 4–3–4，并写出实验报告。

表 4–3–4　青贮饲料的制作与品质鉴定（以口述方式进行）

序号	步骤	任务要求	时间 /min	期望分值	实际分值
1	窖址选择	选择地势较高、向阳、干燥、土质较坚实的地方，避开交通要道口、粪场、垃圾堆等，距畜舍较近，四周要有一定空地，便于运送原料	1	10	
2	窖形设计	根据地形、贮量、每天的需草数量、铡草设备的功率等来决定青贮窖的形状与大小	5	20	
3	原料收割及处理	适时收割，适当晾晒，及时运输，适宜切短	5	20	
4	装窖	边切短边装窖边压实，每装 20 ～ 40 cm 左右时就要踩实一次，特别要注意踩实青贮窖的四周和边角	2	15	
5	封窖	窖装满后（原料高出地面 40 ～ 60 cm）立即修整，并覆盖塑料薄膜或潮麦草，然后马上压土封窖	2	15	
6	品质鉴定	以色、香、味和质地来进行鉴定	5	20	
合计			20	100	

任务四　肉羊的日粮配合

任务导读

日粮是羊一昼夜所采食的饲草饲料总量。日粮配合就是根据羊的饲养标准和饲料营养特性，选择若干种饲料原料及添加剂按一定比例搭配，使所提供的各种养分均能满足羊的营养需要的过程。因此，日粮配合实质上是使饲养标准具体化。在生产上，对具有同一生产用途的羊群，按日粮中各种饲料的百分比，大量配合而成，再按日分顿喂给羊只的混合饲料，称为饲粮。

一、日粮配合的原则

一是日粮要符合饲养标准，即保证供给羊只所需要的各种营养物质。但饲养标准是在一定的生产条件下制定的，各地自然条件和羊的情况不同，故应通过实际饲养的效果，对饲养标准酌情修订。二是选用饲料的种类和比例，应取决于当地饲料的来源、价格以及适口性等。原则上，既要充分利用当地的青、粗饲料，也要考虑羊的消化生理特点，其体积以羊能全部吃进去为判断标准。

二、日粮配合的步骤

第一步：确定每只羊每日营养供给量，作为日粮配方的基本依据；

第二步：计算出每千克饲粮的养分含量，用所规定的每只羊、每日营养需要量（kg），除以每只羊、每日采食的风干饲料的重量（kg），即为每千克饲粮的养分含量(%)；

第三步：确定拟用的饲料，列出选用饲料的营养成分和营养价值表，以便选用计算；

第四步：根据对日粮能量含量的要求，试配能量混合饲料；

第五步：在保持初配混合料能量浓度基本不变的前提下，用蛋白料替补，使能量和蛋白质这两项基本营养指标符合规定要求；

第六步：在能量和蛋白质的含量以及饲料搭配基本符合规定要求的基础上，补充钙、磷和食盐等其他指标。

三、注意事项

羊是群居动物，在生产实际中，对放牧饲养的羊群，应在日粮中扣除放牧采食获得的营养数量，不足部分补给干草、青贮料和精料(包括矿物质和食盐)。此外，在高温季节或地区，羊采食量下降，为减轻热应激、降低日粮中的热增耗而保持净能不变，在做日粮调整时，应减少粗饲料含量，保持有较高浓度的脂肪、蛋白质和维生素，以平衡生理需要。抗高温添加剂有维生素、阿司匹林、氯化钾、碳酸氢钠、氯化钠、无机磷、瘤胃素、碘化酪蛋白等。在寒冷地区或寒冷季节，为减轻冷应激，在日粮中，应添加含热能较高的饲料。从经济上考虑，用粗饲料作热能饲料比精饲料价格低。

四、日粮配制举例

日粮配制的方法很多，手工计算方法有试差法、四角法、公式法等方法。其中，试差法比较常用，适用于肉羊的饲料配方设计。以试差法为例进行举例。

（一）用品及给定条件

现有一批活重 30 kg 的羔羊进行育肥，计划日增重 300 g。试用现有野干草、中等品质苜蓿干草、黄玉米和豆饼 4 种饲料，配制育肥日粮。备用饲养标准、饲料营养成分表、计算器等。

（二）步骤和方法

第一步：查阅饲养标准表，记下相应育肥羔羊的营养需要量；同时查阅饲料营养价值表，记下所用几种饲料的营养成分，分别列于表 4–4–1 中。

表 4–4–1　育肥羔羊的营养需要量标准

项目		干物质	消化能 /（MJ/kg）	粗蛋白质	钙	磷
羔羊需要量		1.3 kg	17.15	191 g	6.6 g	3.2 g
饲料组成	野干草	92.21%	7.99	11.20%	0.98%	0.41%
	苜蓿干草	92.45%	10.13	12.30%	1.67%	0.52%
	玉米	80.0%	14.02	6.95%	0.05%	0.36%
	豆饼	95.26%	18.16	42.10%	0.39%	1.01%

第二步：计算粗饲料提供的营养量。根据羊的精饲料给量，不能超过日粮量 60%，并控制在 20% ～ 40% 范围内。设日粮的粗饲料给量为 60%，则两种干草混合的总给量为羔羊日需干物质总量 1.3 × 0.6=0.78（kg）。这样，混合精料的干物质给量则为 1.3 × 0.4=0.52（kg）。那么，混合干草可提供的各种营养量如下：

设野干草和苜蓿干草的配比为 70% 和 30%，则野干草日给干物质量为 0.78 × 0.7=0.546（kg），苜蓿干草的干物质量为 0.78–0.546=0.234（kg）。它们的风干量分别为 0.546 ÷ 0.9221= 0.5921（kg）和 0.234 ÷ 0.9245=0.2531（kg）。

可提供的营养物质分别为：

消化能：0.5921 × 7.99 ＋ 0.2531 × 10.13=7.2948（MJ）；

粗蛋白质：592.1 × 0.112 ＋ 253.1 × 0.123=97.45（g）；

钙：592.1 × 0.0098 ＋ 253.1 × 0.0167=10.03（g）；

磷：592.1 × 0.0041 ＋ 253.1 × 0.00521=3.74（g）。

消化能和粗蛋白质分别比羔羊的日需量少 9.8552 MJ 和 93.55 g（即 17.15–7.2948=

9.8552；191–97.45=93.55）。钙和磷均超过需要量，并磷钙比为 1:2.68，处于 (1:2 ～ 3 的) 合理范围内。

第三步：调配玉米和豆饼两种精饲料以补充其所缺少的消化能和粗蛋白质。

先按经验，设所缺消化能由玉米解决 70%，则由玉米提供的消化能为 9.8552 × 0.7=6.8986（MJ），这样，玉米所给的风干饲料量为 6.8986 ÷ 14.02=0.4925（kg），它所能提供的粗蛋白质则为 492.5 × 0.0695=34.23（g）。

那么，豆饼提供的消化能为 9.8552–6.8986=2.9566（MJ），风干豆饼的给量则为 2.9566 ÷ 18.16=0.1629（kg）。可提供粗蛋白质 162.9 × 0.421=68.59（g）。

总计玉米和豆饼可提供的粗蛋白质量为：

34.23 ＋ 68.59=102.82（g），完全满足标准的规定。

第四步：总结。活重 30 kg、日增重 300 g 的育肥羔羊日粮，组成如表 4–4–2。

表 4–4–2　活重 30 kg、日增重 300 g 的育肥羔羊日粮配方表

饲料名称	干物质 /kg	风干物质 /kg	所占比例 /%		消化物 /MJ	粗蛋白质 /g
			干物质	风干物		
野干草	0.5460	0.5921	41.08	39.46	4.7317	66.3152
苜蓿	0.2340	0.2531	17.60	16.87	2.5627	31.1313
玉米	0.3940	0.4925	29.64	32.82	6.9032	34.2300
豆饼	0.1552	0.1629	11.68	10.86	2.9585	68.5900
合计	1.3292	1.5006	100.00	100.01	17.1561	200.27

可见，由这 4 种饲料所组成的日粮，能够满足育肥羔羊对消化能和粗蛋白质以及钙、磷的需要。为进一步提高育肥的效果，只需在上述日粮中，根据当地的实际情况，有针对性地另外添加一些矿物质微量元素和生长剂即可。

任务目标

了解日粮配制的原则与步骤；熟练掌握常用的饲料配方方法，并在规定时间内独立完成不同生理状态和生产水平下肉羊的日粮配制工作。

任务材料

饲料原料（野干草、中等品质苜蓿干草、黄玉米、豆饼、磷酸氢钙、食盐等原料）、肉羊饲养标准、饲料营养成分表、计算器等。

任务实施

根据日粮配制举例，现有一批活重 50 kg 肉用绵羊，已妊娠 4 个月，以试差法进行日粮配方设计。

任务评价

肉羊日粮配合任务评价见表 4–4–3。

表 4–4–3　肉羊日粮配合任务评价表

评价项目	评价指标	配分	得分
思想道德素质	爱党爱国、理想信念、遵纪守法等表现	15	
基本素质	爱岗敬业、诚实守信、积极进取等表现	10	
通用能力	团队协作、沟通能力、自学能力等表现	10	
专业能力	仪器设备识别各类饲料原料的识别与取用	5	
	日粮配方的步骤与方法	10	
	根据给定条件，查阅饲养标准	10	
	计算每千克饲粮的养分含量	10	
	查阅给定原料的营养价值	10	
	计算能量、蛋白质、钙、磷、食盐等含量	20	
合 计		100	

结果整理

对照标准答案，对结果进行考核评定，填入肉羊日粮配合结果认定表 4–4–4，并写出实验报告。

表 4–4–4　肉羊日粮配合结果认定表

序号	步骤	任务要求	时间 /min	期望分值	实际分值
1	根据给定条件，查阅饲养标准	在规定时间内完成，熟练准确	5	10	
2	计算每千克饲粮的养分含量	在规定时间内完成，熟练准确	10	10	
3	查阅给定原料的营养价值	在规定时间内完成，熟练准确	5	20	
4	计算能量含量	在规定时间内完成，计算方法步骤正确，配方中营养指标与饲养标准差值为 ±5%	10	20	
5	计算蛋白质含量	在规定时间内完成，计算方法步骤正确，配方中营养指标与饲养标准差值为 ±5%	10	20	
6	计算钙、磷、食盐含量	在规定时间内完成，计算方法步骤正确，配方中营养指标与饲养标准差值为 ±5%	15	15	
7	整理汇总		5	5	
合计			60	100	

任务五　肉羊全混合日粮调制技术

任务导读

一、全混合日粮

全混合日粮（total mixed ration，TMR），是根据肉羊不同生理阶段或饲养阶段的营养需要，把切短的粗饲料、青贮饲料、精饲料以及各种饲料添加剂进行科学配比，经过在饲料搅拌机内充分混合后得到一种营养相对平衡可直接供羊自由采食的全价日粮。全混合日粮饲喂技术在以色列、美国、意大利、加拿大等国已经普遍使用，我国现已逐渐推广使用。

二、全混合日粮饲喂技术的优势

与传统饲喂方式相比，全混合日粮具有以下 6 点优势。

（一）营养供给全面均衡

全混合日粮将精饲料、粗饲料和各种添加剂合理搭配，对粗饲料、精饲料和各种添加剂等日粮组分进行切割、揉搓和搅拌制作而成。各组分比例搭配恰当，搅拌混合均匀，加工处理得当，使羊摄食的日粮营养全面均衡。

（二）能够增加干物质的采食量

全混合日粮技术将粗饲料切短后再与精料混合，这样物料在物理空间上产生了互补作用，从而增加了肉羊干物质的采食量。在性能优良的全混合日粮机械充分混合的情况下，完全可以排除肉羊对某一特殊饲料的选择性（挑食），因此有利于最大限度地利用最低成本的饲料配方。同时全混合日粮是按日粮中规定的比例完全混合的，减少了偶然发生的微量元素、维生素的缺乏或中毒现象。

（三）提高生产性能

使用全混合日粮，由于综合考虑到了羊对纤维素、蛋白质和能量的需要，整个日粮营养水平较为平衡，这种技术有利于促进羊瘤胃微生物的生长、繁殖，改善羊瘤胃机能，防止消化障碍，降低羔羊腹泻病的发病率，提高舍饲羔羊成活率，有利于发挥羊的生产潜能，提高羊的生产性能。

（四）降低肉羊疾病发生率

全混合日粮的各组分比例适当、营养均衡、精粗比适宜，可减少肉羊消化道疾病、食欲不振、营养应激等的发生，可大大降低羊口疮的发病率，减少羊消化道疾病及营养代谢病的发生概率。若饲料单一，饲料中碳水化合物含量过高，加之舍饲羔羊长期得不到充分运动，可能影响羔羊正常代谢，从而引发羊肥羔症。若羊采食精饲料过多或采食过量谷物饲料、青贮饲料等容易引发羊瘤胃酸中毒。

（五）节省饲料成本

全混合日粮使肉羊不能挑食，营养元素能够被肉羊有效利用，与传统饲喂模式相比饲料利用率可增加 4%；全混合日粮的充分调制还能够掩盖饲料中适口性较差但价格低廉的工业副产品或添加剂的不良影响，为此每年可以节约饲料成本。

（六）大大节约劳力

采用全混合日粮后，饲养工不需要将精料、粗料和其他饲料分道发放，只要将料送到即可；采用全混合日粮后管理轻松，降低了管理成本。

三、全混合日粮种类

（一）散状全混合日粮

散状全混合日粮是最经典的全混合日粮，根据肉羊的营养配方，将干草、青绿饲料或其他农副产品等粗饲料、精饲料、矿物质及维生素均匀混合调制而成的营养均衡的日粮。优点是防止动物挑食、增加泌乳性能、调节家畜体内代谢；缺点是容易变质、须现配现喂、不同品种及生长阶段需要不同配方。

（二）发酵型全混合日粮

发酵型全混合日粮是将青贮技术与全混合日粮技术融合起来，将调制好的全混合日粮进行压实、密封，再进行微生物厌氧发酵处理而形成的一种能够长久保存的日粮。优点是原料来源广泛，能有效的保持全混合日粮中的营养成分；能够引起家畜采食欲望，增加饲料利用率；能够抑制病原菌，分泌抗菌活性物质；提高饲料有氧稳定性，延长储存周期；提高生产性能，改善消化吸收能力，提高胴体品质和肉质特性。缺点是对设备要求较高，机械资金投入较大，并且我国肉羊养殖规模普遍偏小，难以有足够资金投入，导致其很难推广。

（三）颗粒型全混合日粮

颗粒型全混合日粮是根据肉羊对能量、粗蛋白、粗纤维、矿物质和维生素等营养物质的需要，将粉碎的粗饲料、精饲料和各种营养添加剂充分混合，调制加工成颗粒状。

优点是体积小、运输方便、贮藏时间长，能满足不同生长阶段的营养需求，改善适口性，促进肉羊对蛋白氮的利用，减少了饲喂中的浪费及粉尘污染，有利于进行大规模化生产。缺点是制作生产成本很高，长期饲喂不能保持瘤胃的良好发酵和反刍。

四、全混合日粮配制技术要点

（一）原料的选择

原料选择应依据价格、营养成分和利用效率，选择当地资源丰富、供给稳定、有一定营养价值且相对便宜的原料，尽量保持原料的相对稳定。

（二）饲料配方的选择

应根据羊场实际情况，考虑肉羊所处生理阶段、年龄胎次、体况体型、饲料资源等因素合理设计饲料配方。

（三）全混合日粮设备的选择

全混合日粮通常使用TMR饲料搅拌机进行配制，机型应根据羊场的建筑结构、喂料道的宽窄、圈舍高度和入口等选择，同时要考虑羊群大小、干物质采食量、日粮种类（容重）、每天的饲喂次数，以及混合机充满度等因素。

TMR饲料搅拌机可分为立式、卧式、自走式、牵引式和固定式等机型。立式机要优于卧式机，表现在草捆和长草无须另外加工，混合均匀度高，能保证足够的长纤维刺激瘤胃反刍和唾液分泌，搅拌罐内无剩料。卧式剩料难清除，影响下次饲喂效果，机器维修方便，只需每年更换刀片，使用寿命较长。见图4-5-1、图4-5-2。

图4-5-1　立式TMR搅拌机

图4-5-2　卧式TMR搅拌机

（四）全混合日粮制作方法

1. 原料添加

准确称量原料，并清楚记录原料投喂量，严格按日粮配方进行审核。投料应遵循先长后短，先干后湿，先轻后重的原则。

2. 搅拌

应根据搅拌设备和饲料原料测定混合均匀度，确定适宜的搅拌时间，一般边投料边搅拌，在最后一种原料投入后再搅拌 3 ～ 8 min。见图 4-5-3。

物料含水率的要求：推荐45%～55%。当原料水分偏低时，需要额外加水。若过干（小于 35%），饲料颗粒易分离，造成肉羊挑食；过高（大于 55%）则降低干物质采食量，并有可能导致日粮的消化率下降。

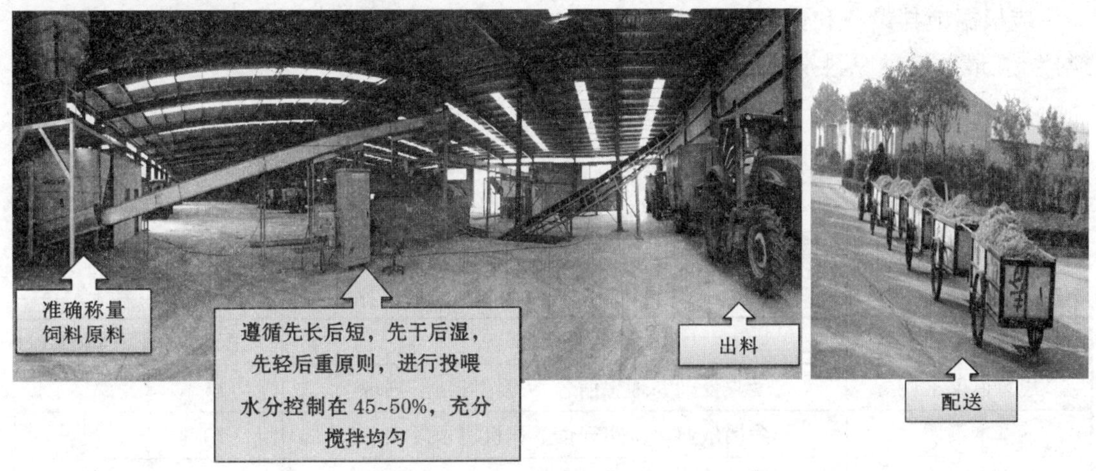

图 4-5-3　全混合日粮制作

任务目标

熟悉全混合日粮的原理和调制方法，掌握全混合日粮制作技术。

任务材料

TMR 搅拌机、苜蓿、青干草、青贮玉米、精料等。

任务实施

一、准确称量

搅拌原料之前应准确称量各种饲料原料。

二、装料量

装料量不超过搅拌机总容积的 70%。装料过程中避免铁器、石块、塑料、包装袋等异物混入。

三、投料顺序

投料应遵循先长后短、先粗后精、先干后湿、先轻后重的原则，依次是干草、精料、预混料、青贮料、湿糟、水等。全混合日粮散料水分含量一般控制在 45% ～ 50%。

四、搅拌时间

应根据搅拌设备和饲料原料测定混合均匀度，确定适宜的搅拌时间。一般边投料边搅拌，在最后一种原料投入后再搅拌 3 ～ 8 min。

任务评价

肉羊全混合日粮调制技术任务评价见表 4–5–1。

表 4–5–1 肉羊全混合日粮调制技术任务评价表

评价项目	评价指标	配分	得分
思想道德素质	爱党爱国、理想信念、遵纪守法等表现	15	
基本素质	爱岗敬业、诚实守信、积极进取等表现	10	
通用能力	团队协作、沟通能力、自学能力等表现	10	
专业能力	饲料原料选择	15	
	配方的设计	10	
	搅拌机的使用	20	
	全混合日粮制作	20	
合 计		100	

项目五 肉羊繁殖技术

项目目标：

◎掌握母羊发情鉴定要点

◎掌握公羊采精及精液品质检查技术

◎掌握羊输精技术

◎掌握羊妊娠诊断方法及接产助产技术

◎掌握初生羔羊护理及初生羔羊品质鉴定技术

◎掌握母羊产后护理技术

◎具备发现并处理羊繁殖问题的能力

思政目标：

◎培养学生爱岗敬业、团结协作、吃苦耐劳、积极探索、遵纪守法等职业精神

◎塑造“扎实、务实、诚实、求实”的职业素养

◎培养发现问题并及时处理问题的能力

任务一　发情鉴定

任务导读

养羊业生产的主要任务是增加数量、提高品质，此项任务必须要通过繁殖来完成。母羊的发情及其鉴定是繁殖的中心环节。母羊性机能不仅仅是生殖器官的变化，而且还是神经系统、生存环境、下丘脑等多方面复杂变化与相互作用的结果。其性机能的发育过程与生产密切相关的一般有初情期、性成熟期、初配适龄。羊的繁殖具有明显的季节性特征，因品种有一定差异，母羊发情受光照、饲草饲料、气温等条件影响，其发情集中在光照由长变短的时期内，所以发情期主要在秋冬季，当然部分品种的羊(如小尾寒羊、湖羊、波尔山羊等)四季发情。公羊全年可参加配种。

一、初情期

母羊的初情期是指首次发情和排卵的时期，虽有发情表现但不完全，此后生殖系统快速发育，此时并不适合配种，所以公母羊应分群饲养，避免过早配种。绵羊初情期4～5月龄，山羊4～6月龄，初情期受品种、营养水平、气候条件和出生季节等因素影响而有差异。

二、性成熟

初情期以后母羊生殖器官在相关生殖激素的作用下快速发育成熟，发情排卵活动趋于正常，具备了正常繁殖后代的能力，此时称为性成熟。但此时身体的发育还不够完善，过早地配种会影响自身和胎儿的发育，并可能影响终生的生产力。羊的性成熟在6～10月龄。

三、初配适龄

母羊性成熟后再经过一段时间的发育，其器官、组织发育基本完成，具有品种的固有外貌特征，能承担繁衍后代的能力，可以进行配种，此时称为初配适龄。一般达到成年体重的70%便可参加配种。初配适龄在生产中具有重要的指导意义，过早、过晚对生产都不利。羊的初配适龄以12～18月龄为宜，现代肉用母羊追求品种化和大体型化，所以生产中应根据个体生长发育情况进行综合判定。

羊的发情为母羊在性成熟以后表现出的一种具有周期性变化的生理现象。在此过程中内部卵巢上卵泡生长、发育、成熟排卵，外部生殖器官充血潮红、黏液增多，产生性欲。生产上应掌握内外部的变化，结合临床观察判断母羊的发情时机。

任务目标

（1）熟悉发情母羊身体外部、内部变化特征；

（2）掌握发情鉴定的方法与要点。

任务材料

发情母羊、试情公羊、开膣器、消毒酒精、手电筒、保定架等。

任务实施

羊的发情期短，外部表现不太明显，特别是绵羊，因此母羊的发情鉴定以试情法为主，配合使用外部观察法和生殖道检查法。

一、试情法

采用带试情布或结扎输精管的公羊（1∶40）进行群体试情。每日一次或者早晚各一次、定时将试情公羊放入母羊群中进行试情。母羊发情时，试情公羊追随母羊、去嗅母羊、用蹄去挑逗母羊、爬跨到母羊背上，而母羊站立不动或主动接近公羊时，视为发情母羊，将其隔离出来并做标记，以备配种。为了提高检出率，可以在公羊胸部固定吸附染料的海绵块，当母羊接受公羊爬跨后，染料便印在母羊臀部，以便识别。见图 5–1–1。

图 5–1–1　公羊试情

二、外部观察法

主要通过观察母羊外部表现和精神状态来判断发情时机。母羊在发情时多表现为兴奋不安、食欲减退、外阴部及阴道充血、肿胀、松弛，并排出或流出少量黏液。见图

5-1-2。山羊发情较绵羊明显，外阴部肿胀充血、摇尾、高声咩鸣，甚至爬跨其他母羊，接近公羊时嗅闻公羊会阴及阴囊部。

三、阴道检查法

这是一种较为准确的发情鉴定方法。通过开腔器观察生殖道黏膜充血情况、分泌物以及子宫颈口开张情况来判断母羊发情情况。阴道检查时，先将母羊保定好，洗净外阴，再把开腔器清洗、消毒、涂上润滑剂。配种员左手横持开腔器，闭合前端，缓缓从阴户口插入，轻轻打开前端，用手电筒检查阴道内部变化。当发现阴道黏膜充血、红色、表面光亮湿润、有透明黏液渗出，子宫颈口充血、松弛、开张、有黏液流出时，即可定为发情。检查完毕，合拢开腔器，轻轻抽出。见图 5-1-3。

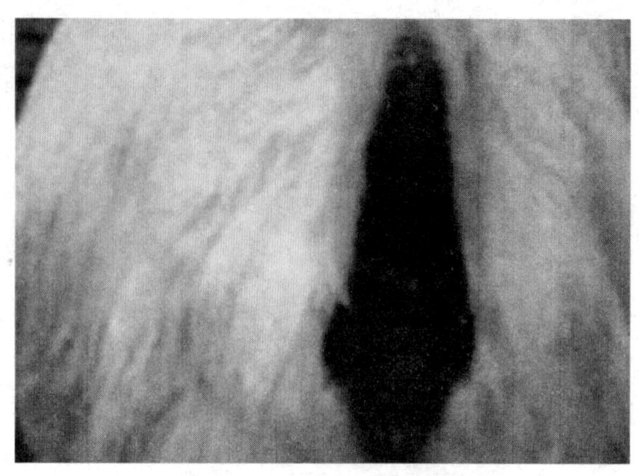

图 5-1-2　外部观察

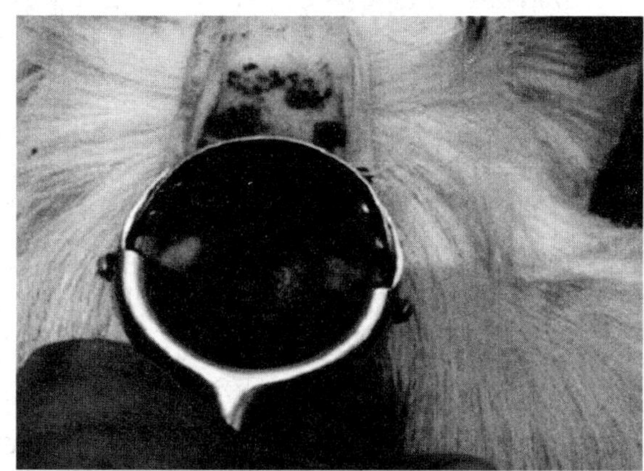

图 5-1-3　阴道检查

任务评价

发情鉴定任务评价见表 5-1-1。

表 5-1-1　发情鉴定任务评价表

评价项目	评价指标	配分	得分
思想道德素质	爱党爱国、理想信念、遵纪守法等表现	15	
基本素质	爱岗敬业、诚实守信、积极进取等表现	15	
通用能力	工作态度、团队协作、沟通能力等表现	15	
专业能力	发情母羊外部观察	15	
	试情公羊选择与试情法	15	
	阴道检查法的实施	10	
	发情母羊的标记	15	
合　计		100	

任务二　采精技术

任务导读

采精是通过一定的条件刺激激发公羊的交配行为，随后人工收集公羊精液的过程。采精是人工授精中的关键环节，需认真做好采精前的准备，正确掌握假阴道采精方法，合理安排采精频率是保证采集量多、质优精液的重要前提。采精的公羊选择符合种用标准、育种值高、精液品质良好的公羊。台羊选择健康、体格大小与采精公羊适中且发情明显的母羊或假母羊，台羊采精前需清洗、消毒、擦干备用。使用假台羊采精，采精公羊需训练，训练方法主要采用观看其他公羊采精过程或使用发情良好母羊做台羊，采精数次固定条件反射后改用台羊。采精公羊阴茎包皮部位如有长毛需提前剪短，采精前清洗并擦干。采精时间、地点和采精员要固定，以便建立良好的条件反射。

一、采精室的准备

采精场地要固定，面积为 10 ～ 12 m^2，地面整齐、洁净、防滑，光线充足明亮，室内 1 ～ 2 个采精架。采精场应与人工授精操作室（即实验室）相连，通过传递窗口传递采精用品和精液。

二、假阴道安装

假阴道又称人工膣，是模拟发情母羊阴道环境条件的人工阴道。当公畜阴茎插入后，受到假阴道内压力、温度和润滑度的刺激，使公羊到达性高潮而射精，精液被收集到与假阴道相连的集精杯内。

假阴道是一种筒状结构，主要由外壳、内胎、集精杯及附件构成。外壳为一圆筒，由铁皮、硬塑料或硬橡胶制成。内胎是由弹性强、薄而柔软的无毒材料制成的筒管状结构，装在外壳筒管内，两端翻在外壳筒管外，构成假阴道内壁。常用的内胎材料有天然乳胶、橡胶等。集精杯是由暗色玻璃、无毒橡胶或塑料制成的杯状或试管状结构，装在假阴道的一端。附件包括固定内胎的橡胶圈、防止集精杯脱出的护套、充气用的气阀、保温套、集精漏斗和双联球等。

（一）清点与检查

确认部件齐全、完整、无裂缝及针眼。将经过清洗消毒的各部件放在消毒过的大瓷盘中。

（二）安装内胎与调试

1. 安装内胎

将内胎的光滑面向里，放入外壳内，使两端露出部分长度相当。将一端折叠后放入外壳内，将另一端内胎的一部分翻贴在外壳上，调整周正后，双手向上推卷，使内胎卷起，使其脱离外壳，并使卷起的长度与原来露出的长度相当或略长，再将内胎套在外壳上，调整周正。另一端用同样方法，将其翻贴在外壳上。

2. 注入热水

将水温调至 50℃（夏）或 60℃（冬），用漏斗将 150 mL 温水注入内胎与外壳的夹壁内，也可以注满后来回摇动几次，将水倒出一半，实践中竖立假阴道，水达到注水孔即可。

3. 固定

用固定皮圈将内胎固定在外壳上。

4. 消毒

用长柄钳（羊假阴道消毒用 25 cm 镊子）夹取 75% 的酒精棉球，从内向外消毒内腔，最后消毒内胎翻向外壳的翻边。用镊子另取一个 75% 酒精棉球挤去多余酒精后消毒集精杯的集精管。用 75% 酒精棉球，同样方法进行第二次擦拭，以促进酒精挥发。

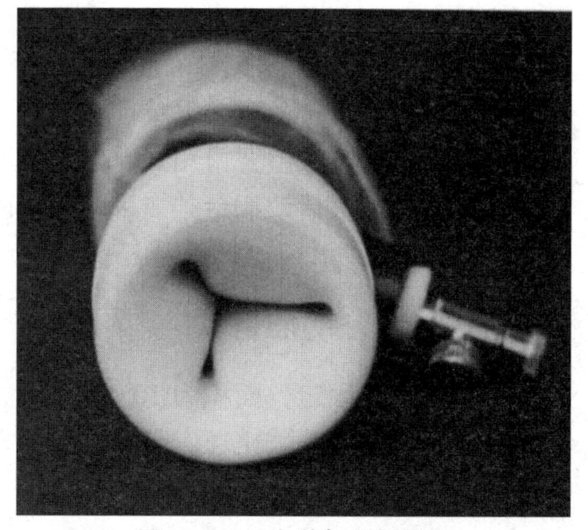

图 5–2–1　安装好的假阴道

5. 调试

将气阀安上，充气，检查内胎是否安装周正。安装周正的内胎充气后两端均略呈内陷的“Y”形（图 5–2–1）。如果符合要求，将气放掉进行下一步，如果不正，应重新安装调正。如果操作经验丰富，可省掉充气检查。

6. 润洗

用基础液将内胎和集精杯润洗两遍。

7. 涂润滑剂

用玻璃棒蘸取少量凡士林或红霉素软膏，均匀涂布于假阴道外口至 1/3 ～ 1/2 深处。

8. 充气调压

用双连球向假阴道夹壁内充气至压力合适（用玻璃棒插入略有阻力）。

9. 测温

用温度计测量假阴道内的温度，温度应为 38 ～ 41℃。如果温度不合适，应重新调温注水。

10. 注意事项

（1）在将内胎调整周正时，应避免用指甲撕扯，以防造成撕裂或“针眼”，应反复向上卷起，再向下卷贴；

（2）安装另一端时，应防止内胎扭转；

（3）适当使内胎在拉伸状态下安装在外壳上，这样更容易达到要求；

（4）润滑剂涂布量要适当，防止润滑剂流入集精杯中污染精液。

三、种公羊采精调教

首次配种公羊，采精时需要进行调教训练（图 5-2-2），可以采用以下 4 种方法：

图 5-2-2　公羊的采精

（一）观摩诱导法

观看其他公羊采精或配种过程，让被调教公羊一旁观看，然后诱导爬跨。

（二）睾丸按摩法

调教期每日定时按摩睾丸 10 ～ 15 min，提升羊的性欲进行采精诱导。

（三）发情母羊刺激

用发情母羊做台羊训练爬跨，并把发情母羊尿液及分泌物涂抹公羊鼻端，刺激公羊产生性欲。

（四）药物刺激

针对性欲差的公羊使用丙睾丸素。

任务目标

（1）熟悉采精前公羊的性准备与台羊选择；

（2）掌握公羊采精的操作；

（3）掌握青年公羊的采精训练。

任务材料

保定架、台羊、安装的假阴道、集精瓶 / 杯、温水、毛巾、水桶 / 盆等。

任务实施

公羊从阴茎勃起到排精只有几秒时间，所以要求操作人员更要动作敏捷、准确。

一、采精前公羊与台羊的准备

一般选择健康的发情母羊做台羊。台羊可保定在采精架内，保定架尺寸应根据台羊的体格设计。采精前用生理盐水冲洗公羊的阴筒并挤净擦干。

二、采精操作

将种公羊牵到台羊旁，采精员手持假阴道，蹲在台羊的右后侧，面向台羊，随时准备操作。当公羊爬上台羊时，采精员应迅速将假阴道外口向后下方倾斜与公羊阴茎伸出方向呈一直线，用左手扶住包皮口的后方，掌心向上托住包皮使阴茎向右偏，将阴茎导入假阴道内公羊向前上一冲说明已经射精。公羊射精后，采精员持假阴道随公羊后移并使集精杯一端略向下，阴茎脱出后，放气，取下集精杯。

如果制作冷冻精液，也可采用一次采精两个射精量的方法。而采用鲜精人工授精的一般随用随采。

三、采精后用具的清理

倒出假阴道内的温水，将假阴道、采精杯进行清洗、消毒，干燥备用。

四、采精频率

种公羊每天上、下午可采精 2 ～ 4 次。也可以同时连续采精 2 次，中间需间隔 10 ～ 30 min。

采精技术任务评价见表 5–2–1。

表 5–2–1　采精技术任务评价表

评价项目	评价指标	配分	得分
思想道德素质	爱党爱国、理想信念、遵纪守法等表现	15	
基本素质	爱岗敬业、诚实守信、积极进取等表现	15	
通用能力	工作态度、团队协作、沟通能力等表现	15	
专业能力	采精室与台羊的准备	10	
	青年公羊采精训练	15	
	假阴道安装	15	
	采精操作	15	
合 计		100	

任务三　精液品质检查

任务导读

通过精液品质检查可以保证每份用于输精的精液中有足够的有效精子，确保人工授精的受胎率，这是人工授精优于本交的特点之一。精液品质检查的项目很多，原精液品质检查包括直观检查项目（射精量、色泽、气味、pH、云雾状等）和微观检查项目（精子活力、精子密度、畸形率等）。

精液品质检查的目的：

（1）鉴定精液品质的优劣，作为精液是否进一步处理和精液稀释倍数计算的依据；

（2）评估公羊饲养管理水平和生殖机能状态；

（3）评估采精员、人工授精实验室人员技术操作水平；

（4）评价精液稀释、保存、运输的效果；

（5）评估购买的商品精液质量。

任务目标

（1）了解精液品质检查的目的；

（2）掌握精液常规品质检查项目及评定；

（3）检查合格精液的稀释。

任务材料

公羊精液、显微镜、载玻片、盖玻片、恒温载物台、计数器、稀释粉、量杯等。

任务实施

一、常规检查项目

羊精液呈乳白色或乳黄色，精子密度越高颜色越浓，质量越优。无味或略带膻味。凡带有腐败气味，出现红色或其他颜色的精液均不可使用，需查找原因。羊的排精量一般为 1.0 ～ 1.5 mL。

由于精子成群运动而形成原精液肉眼可观察到的液体翻滚现象，称之为云雾状。云雾状越明显，说明精液的精子密度越高和活力越强。羊精液的精子密度大，当活力强时，可看到云雾状。

二、精液的显微镜检查

（一）活力

精子活力又称活率，是指在 37 ～ 38℃下，精液中呈前进运动的精子数占总精子数的比率，精子活力与其受精能力密切相关，是精液品质的重要指标。通常在采精后、某个处理环节的前后、冷冻精液在预冻并解冻后、液态保存的精液输精前都要进行活力检查。保存的冷冻精液每隔一段时间要抽检活力。

原精液可不经稀释直接检查活力，以尽快确定是否合格和是否做进一步处理。

1. 恒温加热板的预热

应在采精前将加热板固定在显微镜载物台上，将一张干净的载玻片放在加热板上，打开电源开关，确认设定温度为 37℃。这样采精后，加热板及其上面放置的载玻片能够预热到设定温度。

2. 取样

在微量移液器上装干净的吸嘴，吸取 20 μL 或 30 μL 原精液。吸头插入原精液时深度应浅一些，以减少污染。

3. 制作精液压片

将精液滴在预热后的载玻片中间，取一张干净的盖玻片，一边放在精液滴的左侧与载玻片呈向右的 30° 角，稍微向右移动至精液进入载玻片与盖玻片间的夹角中，轻轻放下盖玻片，以避免盖上盖玻片时产生气泡。

4. 精子活力评分

将压片位置放在恒温加热板通光孔上，并与显微镜载物台的通光孔对齐，用 100 倍镜检查。用五级制判断精子的活力（表 5-3-1）。大群精子的同方向运动会推动精液形成运动波。精子活力五级制评分合格标准为：羊的精液不低于 4 分。

表 5-3-1 原精液活力五级制评分标准

分值	精液和精子运动状态	评价
5 分	整个视野中呈现大的运动波	很好
4 分	出现一些运动波和精子成群运动	好
3 分	出现精子成群运动	一般
2 分	精子无成群运动，部分呈前进运动	较差
1 分	只有蠕动	差
0 分	无精子活动	

羊的精液，不经稀释检查活力时，由于无法看到单个精子的运动状况，因此活力估测较为粗略，但可以立即确定精液是否能作进一步处理（低倍稀释）。要更准确地进行

活力检查，建议将精液稀释成 1 亿 /mL 左右的精子密度再观察。稀释方法是将一定量的原精液注入一次性塑料试管中，再取预热过的稀释液基础液或生理盐水稀释精液一并混合均匀。如原精液已经做过 1∶1 稀释，则稀释比例减半（图 5–3–2）。

表 5–3–2　原精液精子活力检查前稀释方法

项目	绵羊、山羊
原精液 /μL	10
生理盐水 /μL	200
稀释后为原精液体积的倍数	21

用上面的方法制作压片，并在 37 ～ 38℃下检查活力。

在 400 倍或 640 倍镜下观察，应进行分区判断，以便确定前进运动精子占总精子数的百分比，按十级制评分。呈前进运动的精子占 90%，活力为 0.9；呈前进运动的精子占 80%，活力为 0.8，依此类推。按十级一分制评分（即满分为 1 分），合格羊原精液精子活力不低于 0.7；液态保存的精液输精前活力不低于 0.5，冷冻精液解冻后活力不低于 0.3。

（二）精子密度

精子密度也称精子浓度，是指单位体积精液中所含有的精子数目。我国精子密度的表示方法多采用亿 /mL。目前常用的测定精子密度的方法和仪器有精子计数法、光电比色法、密度测定仪、精液品质分析仪。正常情况下，羊的精子密度为 30 亿 /mL，范围为 10 亿～ 50 亿 /mL。

1. 精子计数法测定精子密度

血球计数板原来是用以分析血液中各种血细胞密度的，我们可以用它来进行精子密度测定。这种方法仍然是当前光电仪器测定精子密度的基础，用来测定标准样本的精子密度和验证光电仪器的准确性。

（1）血球计数板简介。血球计数板由优质厚玻璃制成，每块计数板由“H”形凹槽分为 2 个同样的计数室，计数室两侧各有一个支持柱，将特制的专用盖玻片覆盖其上。形成高 0.1 mm 的计数室，计数室画有长、宽各 3.0 mm 的方格，分为 9 个大方格，每个大方格长宽各 1.0 mm，面积为 1.0 mm^2，体积为 0.1 mm^3。其中，中央大方格用双线分成 25(5 × 5) 个中方格，每个中方格用单线划分为 16(4 × 4) 个小方格；中央大方格共计 400 个小方格（图 5–3–1）。精子密度测定是计数中央大方格（体积为 0.1 mm^3）内的总精子数。

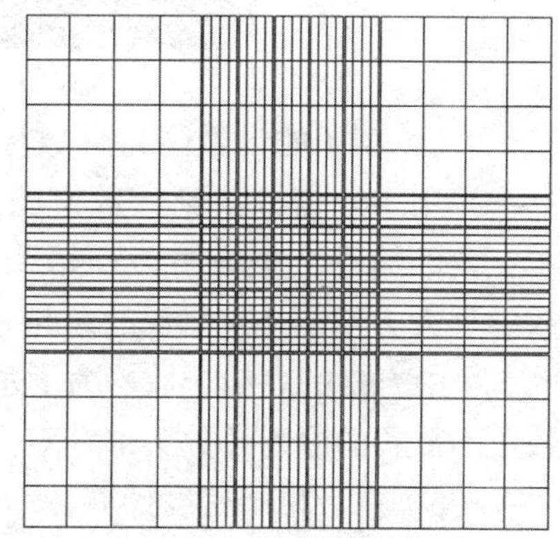
图 5–3–1　计数室平面图

（2）精液的稀释。为了方便计数，精液注入计数室前要对原精液进行稀释，稀释的比例根据动物种类和直观估计精子密度的浓或稀确定，稀释液为 3%NaCl 溶液，通过高渗液将精子杀死，方便计数（图 5-3-3）。稀释方法是：用微量移液器和 200 ～ 1 000 μL 移液器，在小试管中进行不同组合的稀释。先用移液器吸取 3%NaCl 溶液注入一支干净的试管中，再用微量移液器吸取原精液，用纸巾擦去外面的精液，将精液注入同一支试管中混合均匀。

一般同时做两次取样和稀释，进行平行测定，以保证测定的可靠性。

表 5-3-3 精子计数法测定精子密度时精液稀释倍数表

项目	羊	
稀释后是原精体积的倍数	201	401
3% 氯化钠 /μL	1 000	2 000
原精液添加 /μL	5	5

注：过去曾采用白细胞吸管和红细胞吸管进行精液稀释，前者可进行 10 倍和 20 倍的稀释，后者可进行 100 倍和 200 倍稀释。依次吸入原精液和稀释液后混合均匀，先弃去 2 ～ 3 滴，再将稀释后精液注入计数室。由于此法操作难度较大，生产中已经很少使用。

（3）将稀释后精液注入计数室。将计数板放在显微镜载物台上，把专用盖玻片盖在两个计数室上。将微量移液器更换上新的吸嘴，吸取 20 μL 稀释后的精液，将吸嘴尖端放于盖玻片边缘与计数板的接缝处，缓慢注入精液，使精液依靠毛细作用吸入计数室，直到计数室完全充满。然后将另一个稀释样本注入另一侧计数室。静置 3 ～ 5 min 后，精液在计数室内稳定（停止流动、精子死亡并沉淀）后再进行计数。见图 5-3-2。

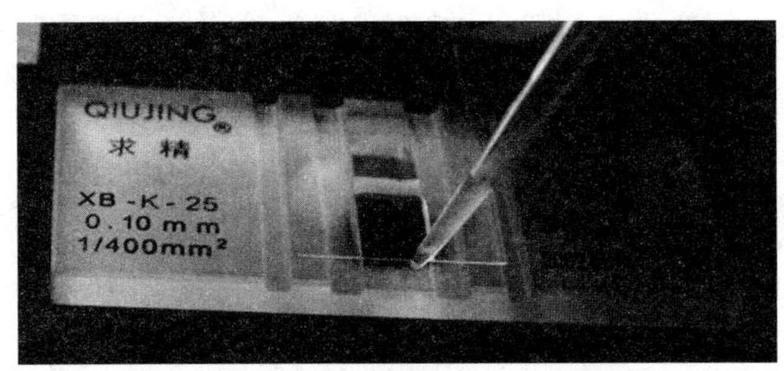

图 5-3-2 稀释后的精液注入计数室

（4）精子的计数。将计数板固定在显微镜载物台的推进器上，使通光孔对准计数室，先用 100 倍镜找到计数室的中央大方格，再用 400 倍镜找到计数室中央大方格的左上角的第一个中方格，开始计数精子。为了降低计数的工作量，只是有代表性地计数中央大方格的 1/5 面积的总精子数，即左上角至右下角 5 个中方格或 4 个角和最中间的 5 个中方格的总精子数。为了避免重复计数，应遵循以精子的头部为准，数上不数下，数左不数右的原则计数头部在双格线上的精子。

（5）精液精子密度计算。

精液精子密度 =5 个中方格总精子数 ×5×10×1 000× 稀释倍数

注：上面公式中，5 个中方格总精子数乘以 5，可计算出 25 个中方格的总精子数，即 0.1 mm^3 中所含的精子数；前数再乘以 10，得到 1 mm^3 中所含的精子数；再乘以 1 000，计算出 1 cm^3 即 1 mL 中所含的精子数；再乘以稀释倍数得到 1 mL 原精液的精子数即精子密度。

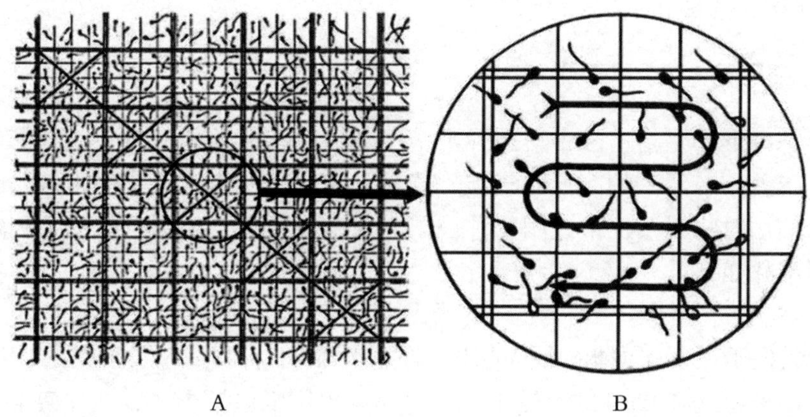

A. 所示计数的五个中方格；B. 一个中方格中的计数次序，头部在下双线和右双线上的精子（标记为白色）不计数。

图 5-3-3　精子计数方法

（6）用血球计数板测定精子密度时应注意的事项。血球计数板是一种精密的装置，操作要求精细认真，否则就可能造成很大的误差。因此应做到：①血球计数板必须符合国家或专业标准；②要同时进行两个平行测定，如果两个测定结果误差超过 10%，要进行第三次测定，将接近的两个数值平均；③计数板用前要清洗和干燥，尤其是计数室和支持柱一定要干净，清洗干燥后应放在显微镜下检查计数室是否有污渍和异物；④要使用专用盖玻片，注入稀释后精液时，一定要保证充满。

2. 精子密度的仪器测定法

精子密度测定仪器种类较多，有比色仪、可见分光光度计、专用精子密度仪等，各种仪器设备都有详细的说明书，这里只将该类设备的一般使用方法做如下介绍。

（1）设备预热。打开电源后，设备要预热 30 min 才能准确测量。

（2）精液稀释。在比色杯或专用试管中按说明注入规定量的（专用或自配）稀释液，取规定量的原精液加入比色杯或试管中，混合均匀。

（3）将比色杯或试管放入样本孔或样本池。使用分光光度计一般要有一个只加有稀释液的比色杯作空白对照，与稀释后精液一同放入样本池中。

（4）按下测定按钮并读数。分光光度计测定时，建议光波波长为 440 ～ 570 nm。应先将空白对照的比色杯测出透光率并设定为 100%，再测定稀释后精液的透光率，得到读数。

（5）查对照表。得出原精液的精子密度值。

（6）精子密度对照表的制作方法。使用分光光度计测定精子密度时，应先用标准血球计数板精确测定 2 ～ 3 头公羊的正常精液作为标准样，然后稀释成不同密度梯度，并测量对应透光率。然后制作成若干个原精液加入量（如 50 μL、100 μL、200 μL）对应原精子密度与透光率的对照表。

3. 估测法

显微镜视野下分为密、中、稀。“密”指在视野中精子之间距离小于一个精子的长度，密度可达 25 亿 /mL；“中”指在视野中精子之间距离大约等于一个精子的长度，密度 20 亿～ 25 亿 /mL；“稀”指在视野中精子之间距离大于一个精子的长度甚至更大，密度小于 20 亿 /mL 或更低。

（三）精子形态畸形率测定

精子形态畸形率是指精液中形态异常精子数占总精子数的百分率，畸形率越高，则精液的质量越差。畸形率的高低受气候、营养、遗传、健康等因素的影响，因此，在后备公羊开始使用时，以及正常使用的种公羊的每个季节中都要进行畸形率测定。精子畸形率的测定步骤如下：

1. 制作抹片

为染色后便于观察，原精液都要先用生理盐水稀释，稀释后精子密度在 1 亿 /mL 左右。

载玻片用前浸泡在 95% 的乙醇中，使用时取出用纸巾擦干，放在片架上，取稀释后精液 10 μL 滴于载玻片的右侧中间，左手食指和拇指拿住载玻片的两端，使其保持水平，有精液的一面向上。右手用另一载玻片呈向右的 30° 角放在精液滴的左侧，略微向右移动，使精液进入两个载玻片的角缝中。然后，右手将上面的载玻片向左平稳地推送，使精液均匀涂抹于下面的载玻片表面。抹片放在片架上自然干燥。见图 5-3-4。

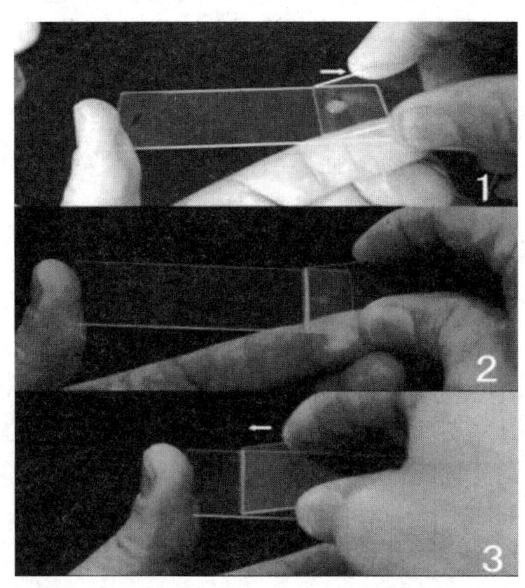

1. 载玻片呈向右的 30° 角放在精液滴的左侧；2. 向右稍移动载玻片使精液进入两个载玻片之间的夹缝中；3. 将载玻片向左平稳地推送涂布精液。

图 5-3-4　抹片过程

2. 精子固定与染色

（1）精子固定。抹片自然干燥后，在抹片上滴满 95% 乙醇固定 5 min。然后甩去乙醇。

（2）精子染色。用于精子染色的染液种类很多，常用的染色剂有红墨水、纯蓝墨水、伊红染液、美兰染液、龙胆紫染液等。将载玻片放在片架上，等残留的乙醇完全挥发后，再滴上染色液（500 μL 左右），染色 5 ～ 7 min。

3. 冲洗抹片

完成染色后，要将抹片上的染色液冲净。最好用装有蒸馏水的洗瓶冲洗，以避免水中杂质粘附在载玻片上，影响检查结果。将载玻片倾斜，用很小的水流，轻轻冲净表面的染色液，之后甩去载玻片表面的水分，使其自然干燥。

4. 形态观察与精子畸形率计算

将染色后的抹片固定在样本推进器上，用400倍镜或640倍镜观察。

在显微镜视野下可以看到，正常精子有一椭圆形的头和一条细长的尾，尾部自然弯曲或伸直。不正常的精子种类很多，分头部、颈、尾部等类型的畸形。头部畸形包括头部瘦小、细长、缺损、双头等。颈部畸形包括膨大、纤细、带有原生质滴、双颈等。尾部中段畸形包括膨大、纤细、弯曲、曲折、带有原生质滴等。尾部主段畸形包括弯曲、曲折、缺损、带有原生滴等。见图5-3-5。

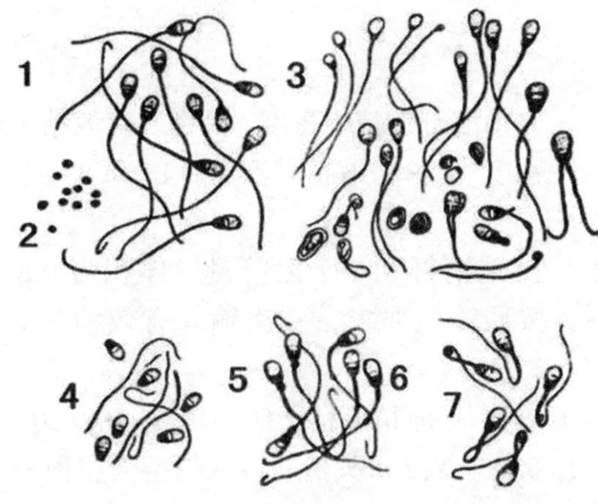

1. 正常精子；2. 游离的原生质滴；3. 各种畸形精子；4. 精子头部脱落；5. 精子近端附有原生质滴；6. 精子远端附有原生质滴；7. 精子尾部扭曲。

图5-3-5　正常精子与畸形精子

精子形态畸形率既可以判断精液是否合格，又可对公羊饲养管理、遗传等情况作出初步评估。如头尾断裂的精子较多，主要原因是公羊曾受到热应激或发烧；尾部带原生质滴的精子较多，多因采精过频造成；其他畸形多因老化、疾病和遗传缺陷造成。

计数畸形精子时，要统计多个视野的全部精子，如果某个视野中存在多个精子相互挤在一起的情况，无法判断，可不观察此视野，用推进器调整到另一个视野观察。所观察各视野的总精子数不低于200个。最后计算所有视野畸形精子总和和所有视野精子总和，按下列公式计算畸形率。

$$\text{畸形率（\%）} = \frac{\text{畸形精子数}}{\text{精子总数}} \times 100$$

羊的正常精液精子畸形率标准：畸形率≤14%。

如果测定结果显示精子畸形率较高，首先应检查操作过程是否存在问题，必要时进行第二次测定，如果仍然不合格，精液不可用于输精。同时要查找原因，调整饲养管理方案，直到公羊精子畸形率低于上限标准。如果精子畸形率超标，经改善饲养管理3个月后精子形态仍没有改善，应将其淘汰。

三、精液的稀释

（一）基本要求

稀释液现用现配置，使用专业的稀释粉，称量准确。用于配制稀释液的用品受到任何生化污染，都会危害精子的存活。因此，凡与蒸馏水、药品、稀释液接触的用品都必须符合卫生要求。用于配制稀释液的玻璃容器使用前都必须用中性洗涤剂清洗，自来水冲净，用蒸馏水反复冲洗，控干水分后，用牛皮纸包裹或封口，放入干燥箱 100 ～ 150℃干燥消毒 1 h。磁力搅拌器的磁珠清洗后，应放入三角瓶中，牛皮纸封口后 100℃干燥消毒 1 h 备用。

（二）稀释倍数

最大稀释倍数（N）= 原精液有效精子密度 / 稀释后有效精子密度 $-1=X/Y-1$

其中，X= 原精液精子密度 × 原精液精子活力；Y= 每头份应输入的有效精子数 / 每头份应输入的精液容积。

举例：一头公山羊一次采精得到 1 个射精量，体积为 0.8 mL，测量精子密度为 25 亿 /mL，活力为 0.8。按照输精要求，一次输入有效精子为 5×10^7 个，输精容积为 0.1 mL。

那么，X= 原精液精子密度 × 原精液精子活力 =25 × 0.8=20（亿 /mL）。

Y= 每头份应输入的有效精子数 / 每头份应输入的精液容积 =0.5/0.1=5（亿 /mL）。

$N=X/Y-1=20/5-1=3$。

因此，这头公羊的精液按 1 份精液加 3 份稀释液稀释。

稀释后总体积 = 原精液体积 ×（N+1）=0.8 × (3+1)=3.2（mL）。

稀释后精液可以输精的头份 = 稀释后总体积 / 每头份精液容积 =3.2/0.1=32（头份）。

（三）稀释方法

1. 精液采集后应尽快进行稀释

原精液采精后降温和不降温都对精子存活不利。若降温，由于没有低温保护剂，容易发生冷休克；若不降温，较高温度精子代谢很快，加上精子密度高，精子很快衰竭和发生代谢产物中毒。所以以最快的速度检查精液品质，并尽快稀释就显得十分重要。有时，检查活力后，立即进行密度测定取样，在没有确定精子密度的情况下，就先进行 1:1 稀释，等密度测定结果出来后，再将剩余的稀释液加入精液中，完成稀释。

2. 稀释液要与精液等温

稀释时，稀释液的温度和精液的温度应尽可能一致，温差尽量控制在 0.5℃以内。采集的精液易受到环境温度的影响，因此，一般先将配制好的稀释液放在 30 ～ 33℃的水浴中，然后再去采精。采到的精液应尽快放入同一水浴中，以免温度继续下降。这样精液品质检查的过程，同时也是精液与稀释液等温的过程。

3. 稀释时应将稀释液加入精液中

稀释时，应将稀释液沿容器内壁缓慢加入精液中，不要从高处倒下以免形成冲击，混合可用无菌玻璃棒轻轻搅动或轻轻摇动容器，应避免剧烈震荡。

4. 稀释后活力检查

稀释后 5 min 左右，应检查一次活力，确认活力没有下降，才可进行分装。

任务评价

精液品质检查任务评价见表 5-3-4。

表 5-3-4　精液品质检查任务评价表

评价项目	评价指标	配分	得分
思想道德素质	爱党爱国、理想信念、遵纪守法等表现	15	
基本素质	爱岗敬业、诚实守信、积极进取等表现	15	
通用能力	工作态度、团队协作、沟通能力等表现	15	
专业能力	显微镜的使用	10	
	精液常规检查项目及评定	10	
	精液的显微镜检查项目	15	
	精液密度仪的使用	10	
	精液的稀释	10	
合 计		100	

任务四 人工授精技术

任务导读

输精是人工授精的最后一个环节，把握准确的配种时机，保证良好的卫生条件，将足够的有效精子输入到母羊生殖道的适当部位是保证人工授精受胎率和产羔率的关键。

一、输精用品和精液的准备

羊用输精器一般为金属材质，每输精一次用一支输精器。输精器每次输精结束后应立即用清水清洗外部，并用蒸馏水冲洗内管和外部。根据生产实际需要，将 5 支或 10 支输精器为一组，用牛皮纸包好，放入干燥箱中，100 ～ 150℃下干燥 1 h，放凉备用。输精前，用 1 mL 的一次性注射器吸入少量生理盐水或稀释液连接在输精器上，润洗输精器内管。接着注射器吸取 0.1 mL 空气后，将输精器前端插入装精液的容器中，吸入 0.05 ～ 0.1 mL 精液（以活塞后退的刻度数为准）。将输精器前端略向上放在器械盘中备用，要确保输精器前端不接触任何物品。低温保存精液的试管应放在保温杯中的碎冰块上，以避免升温。

开膛器用前要用水清洗干净，放在器械盘上，用纱布覆盖，在 100 ～ 150℃下干燥 1 h，放凉备用。一般要求每输一只羊更换一个开膛器。如果开膛器较少，也可将用过的开膛器用纸巾擦净，用装 75% 乙醇的喷瓶喷洒一遍，酒精完全挥发后使用。

二、母羊的保定和外阴消毒

母羊可保定在保定架内。在保定架后方挖一个长宽各 80 cm、深 60 cm 的坑，在坑中放一张小凳子，输精员坐在坑中的小凳上操作；也可将保定架抬高，以方便输精操作。大型羊场可制作转盘式输精台，母羊赶上输精台后，转盘转到输精员坐的位置，开始输精，结束后，将下一个输精位转到面前。小型羊场也可用倒提保定的方法，这种方法由于母羊臀部位置抬高，更容易将精液输入子宫颈管内，不易发生倒流。用镊子夹取在 0.1% 高锰酸钾溶液中浸湿的棉球清洁母羊外阴，然后用消毒纸巾擦干。

任务目标

（1）熟悉输精前的准备；

（2）学会母羊的输精保定；

（3）掌握母羊人工输精的操作。

任务材料

开膣器、输精器、润滑剂、精液、光源、保定架、高锰酸钾、温水、镊子等。

任务实施

母羊的输精应做到“适时、深部、慢插、轻注、稍站”。在母羊阴门裂处涂少量专用水性润滑膏，也可将润滑剂涂在开膣器前端，左手持开膣器，使开膣器前端的侧扁方向与阴门裂一致，略向母羊背侧方向插入母羊阴道内，再将手柄转向母羊腹侧，打开阴道，借助自然光或灯光，找到母羊子宫颈外口。子宫颈外口及其周围黏膜呈紫红色比周围黏膜颜色深，如果阴道穹窿处黏液较多，可用输精器将其挑到一边，以方便找到子宫颈口。将输精器插入子宫颈内 1.5 ～ 3.0 cm，稍后退一点，以免输精器前端被子宫颈皱褶堵塞。缓慢注入精液，当注射器中最后的空气推出后，可看到精液充满了子宫颈外口，应停止推送注射器活塞柄，抽出输精器。

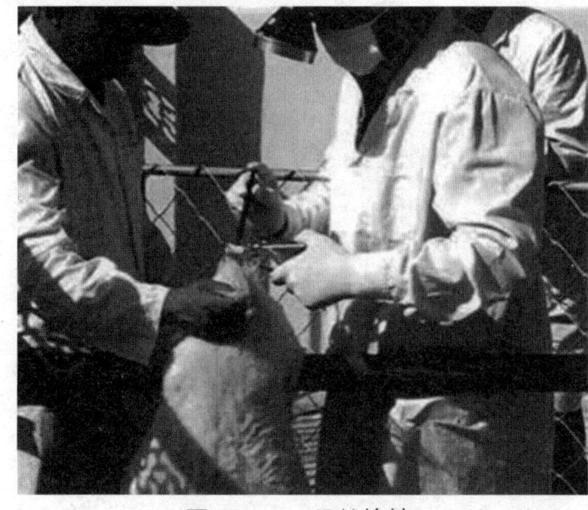

图 5-4-1　母羊输精

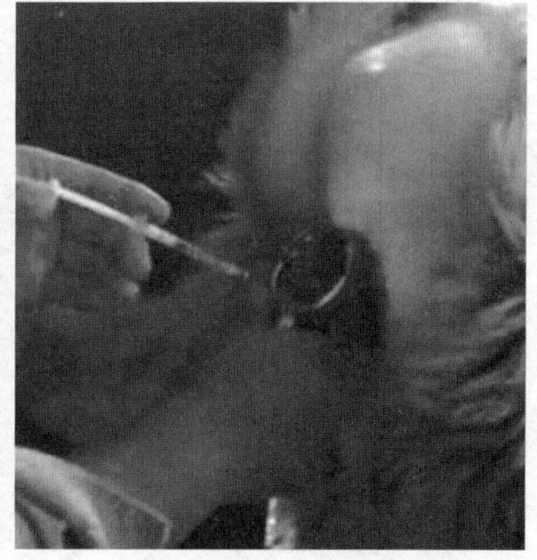

图 5-4-2　母羊输精

注意，开膣器插入时，一定要轻缓，插入并开张后，要始终用力直到抽出开膣器，以免开膣器闭合夹伤阴道黏膜。对处女羊，有时开膣器不易插入，可不用开膣器，直接将输精器插入到阴道穹窿附近，输精量应增大一倍。

倒提保定时，输完精后，可让助手继续倒提母羊 1 min，以防止精液倒流。

细管冻精容量较大（0.25 mL），会有一些精液流入阴道内，属正常现象，输精完毕要观察子宫颈口有无精液倒流现象，倒流严重时应重配。

羊的排卵时间在发情结束时。如果母羊群每天试情两次，发现发情输精一次，间隔 8 ～ 12 h 进行第二次输精。由于羊的输精部位浅，为了防止倒流，输精量要小（0.05 ～ 0.1 mL），有效精子数为 5×10^7 个。

任务评价

人工授精技术评价见表 5-4-1。

表 5-4-1 人工授精技术任务评价表

评价项目	评价指标	配分	得分
思想道德素质	爱党爱国、理想信念、遵纪守法等表现	15	
基本素质	爱岗敬业、诚实守信、积极进取等表现	15	
通用能力	工作态度、团队协作、沟通能力等表现	15	
专业能力	输精前的准备	15	
	母羊的保定	15	
	输精技术	25	
合 计		100	

任务五　妊娠诊断技术

任务导读

母羊的妊娠诊断尤其是早期妊娠诊断技术对于养羊业具有重要经济价值，及早的妊娠诊断能有效降低饲养成本，减少生产损失。妊娠诊断的意义如下：

（1）将妊娠母羊与未孕母羊分群饲喂，以达到精准饲喂，降本增效；

（2）评定发情鉴定、输精技术、母羊生殖生理状态、公羊精液品质；

（3）查漏补缺，根据生产时节及时安排补配；

（4）确定未孕母羊当年过冬前的出售、淘汰，降低过冬压力。

任务目标

（1）了解妊娠诊断的重要意义；

（2）熟练妊娠诊断的一般方法；

（3）掌握 B 超的使用方法。

任务材料

配种 24 d 后的母羊、开膣器、保定架、消毒剂、木棒、试纸、B 超等。

任务实施

羊的妊娠诊断方式主要有以下 5 种方式。

一、外部观察法

母羊妊娠后，发情周期停止，食欲增强，膘情好转，被毛润泽，性情温顺，行动谨慎安稳。妊娠初期，外阴部干燥收缩、紧闭，有皱纹，至后期呈水肿状。妊娠中、后期，2～3月后既可见腹围增大，且向右侧突出。

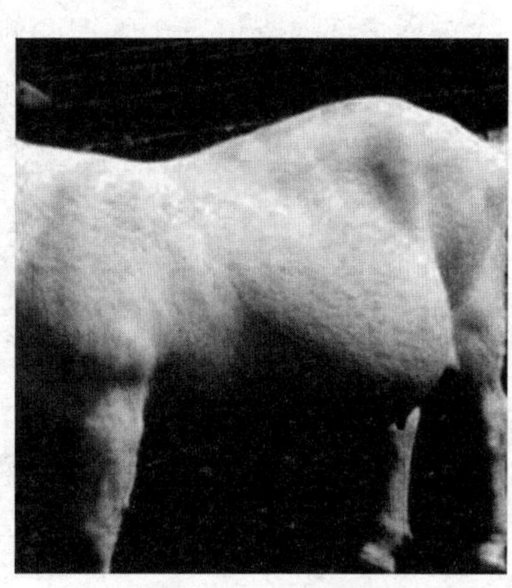

图 5-5-1　外部观察

二、腹部触诊法

检查者面向羊的尾部，用双腿夹持母羊颈部进行保定，然后将两手从左右两侧兜住羊的下腹部并前后滑动触摸，如能摸到胎儿硬块或黄豆大小的胎盘子叶，即为妊娠。

另外，也可采取直肠—腹壁触诊法。母羊在触诊前应停食一夜，触诊时，母羊仰卧保定，用肥皂水灌肠，排出直肠宿粪，然后将涂润滑剂的触诊棒(直径 1.5 cm，长 50 cm，前端弹头形，光滑的木棒或塑料棒)插入肛门，贴近脊柱，向直肠内插入 30 cm 左右，然后一手把棒的外端轻轻下压，使直肠内一端稍微挑起，以托起胎泡。同时另一手在腹壁触摸，如能触及块状实体为妊娠，如果摸到触诊棒，应再使棒回到脊柱处，反复挑动触摸。如仍摸到触诊棒，即为未孕。诊断时注意防止直肠损伤，配种 115 d 以后的母羊要慎用。

三、阴道检查法

母羊妊娠 3 周后可使用开膣器配备光源观察生殖道黏膜色泽、黏液状态及子宫颈口开张情况判断是否妊娠。妊娠母羊生殖道黏膜白色、干涩，黏液少透明黏稠，可拉成丝线状。子宫颈紧闭，有“子宫栓塞”。

四、激素测定

主要测定血浆孕酮水平。目前可直接测定孕酮含量，也可以使用孕酮胶体金检测试纸法。配种后 20 ～ 25 d，血浆孕酮含量绵羊大于 1.5 ng/mL，妊娠准确率 93%，奶山羊大于 3 ng/mL，妊娠准确率 98.6%。建议此法与其他方法配合使用，以免由于持久黄体的存在影响检测结果。

五、B 超法

B 超在畜牧养殖上的应用越来越广泛，其结果真实、准确、快速。母羊配种后 25 d 即可作出诊断，通过 B 超诊断能够检测到胎儿、胎水、胎心及骨骼等。根据其探头可分为直肠内探头和腹部检查探头。直肠内检查，将探头深入直肠内 10 ～ 15 cm，两侧旋转检查。腹部检查位置于乳房两侧及中间。见图 5–5–2、图 5–5–3、图 5–5–4。

图 5–5–2　B 超诊断

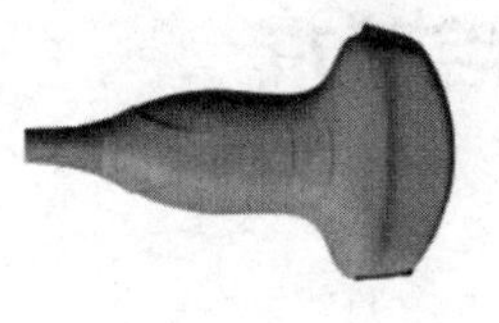

图 5-5-3　B 超探头

图 5-5-4　B 超图片

任务评价

妊娠诊断技术任务评价见表 5-5-1。

表 5-5-1　妊娠诊断技术任务评价表

评价项目	评价指标	配分	得分
思想道德素质	爱党爱国、理想信念、遵纪守法等表现	15	
基本素质	爱岗敬业、诚实守信、积极进取等表现	15	
通用能力	工作态度、团队协作、沟通能力等表现	15	
专业能力	妊娠诊断意义	10	
	母羊的保定	10	
	妊娠诊断的方法应用	35	
合 计		100	

任务六　接羔技术

任务导读

产羔季是养羊业的主要收获季节之一，羔羊成活率直接影响羊场的经济效益，应当积极重视，组织和安排人员做好接产准备，确保丰产丰收。根据产羔季节分为冬羔和春羔，无论哪个季节产羔都需要做好以下工作。

一、接羔前的准备工作

（一）产房或接羔棚及药具准备

规模化以及现代化羊场需要配备专用产房，养殖户没有产房的情况下准备临时用接羔棚，产房或接羔棚内按照产羔母羊数的10%～15%设置分娩栏，并设有羔羊专用生活、活动区域，羔羊可自由出入以便后期补饲，产房或接羔棚在产前5～7 d进行彻底清扫、消毒，并铺垫草备用。产房配备专用药品、疫苗、消毒剂、产科助产器械等。

（二）饲草、饲料准备

产期用的饲草、饲料、褥草要准备充足，以免影响羔羊发育。有条件的羊场和农牧民饲养户，应当为冬季产羔的母羊准备充足的青干草、质地优良的农作物秸秆、多汁饲料和精料等；对春季产羔的母羊，也应准备舍饲15 d需要的饲草饲料。

（三）接羔技术员到准备

接羔人员需具备一定的专业知识，做好自身的防护。接羔期间坚守岗位，分工明确，安排好昼夜值班制度。

二、临床征状

根据配种记录密切观察临产母羊的分娩特征。母羊临产前乳房胀大，乳头直立；阴门肿胀潮红，有时流出浓稠黏液；骨盆韧带松弛，腹部下垂，肷窝及尾根两侧下陷，产前2～3 h尤为明显；产羔前数小时，母羊精神不安，排尿频率增多，肢蹄刨地，频频转动或起卧，并喜欢接近其他母羊的羔羊。

任务目标

（1）熟悉做好接产的准备；
（2）掌握临产母羊的特征；
（3）掌握接产助产以及难产的处理过程；
（4）掌握初生羔羊的一般处理技术及急救措施。

任务材料

临产母羊、相关药品、消毒剂、手套、助产器械等。

任务实施

一、接羔技术

（一）产羔过程及接羔

母羊正常分娩时，在羊膜破后几分钟至几十分钟便可产出，产程：绵羊 1.5 h 左右，山羊 3 h 左右。分娩过程中判断好胎位、胎势是确保羔羊能够顺利产出的关键，正常胎位以上位、正生为好，羔羊一般是两前肢和头部先出，且头部紧靠两前肢上面，此为正生；两后肢先出生则为倒生，倒生需帮助顺出羔羊。上位是指胎儿背部朝向母体背部且平行，即胎儿趴卧子宫；下位，胎儿背部朝向母体腹底，即仰卧在子宫中，易难产；侧位即侧躺，胎儿背部朝向母体腹侧壁，易难产。母羊产第一羔羊后密切注视是否有第二只，前后间隔 30 min 左右，并随时关注母羊状态。

产羔过程应遵循非必要不干预原则，以自然分娩为好，现场接生技术人员以监控监视为好。出现异常情况时再及时进行助产，助产过程必须检查胎儿胎位胎势，确定合理措施，切忌盲目使用催产素或过早使用催产素造成人为难产。

（二）正常分娩的助产

正常分娩时，一般不需人为帮助。要充分利用母羊自身的力量。此时，助产人员的主要任务是监视分娩状况，发现异常及时处理，并护理好新生仔畜。

（1）当母羊临近分娩时，应清洗消毒外阴部及周围；

（2）分娩开始时长时间努责不见先露部位，可将手臂伸入产道内，探明胎向、胎位、胎势是否正常，如有异常，可进行矫正处理，如正常可等待正常分娩；

（3）当胎儿头部已露出阴门外，胎膜尚未破裂时，应及时撕破使胎儿鼻端露出，以防胎儿窒息；

（4）羊水流尽，但胎儿尚不能产出，产力又不足时，可拉住胎儿两前肢及头部，随着努责，沿骨盆轴方向拉出胎儿，倒生时更应如此；

（5）当胎儿体宽部分通过阴门时，应用手保护阴门，防止会阴破裂；

（6）站立分娩时，适当接住羔羊即可；

（7）胎儿腹部通过阴门时，应用手握住脐带根部随胎儿一同拉出，以免脐带断在脐孔内；

（8）羔羊产出后，应用清洁毛巾擦去口、鼻腔的黏液，及时断脐并用碘酊浸涂脐带断端，随后将胎儿放置于护仔栏内；

（9）当分娩出胎儿后，要注意胎膜的排出，并及时移走，防止母羊吃掉；

（10）做好母羊护理。防止休克、疲劳；注意后躯卫生和恶露排出；注意食欲、体温情况。

分娩的动力主要有阵缩和努责。阵缩，子宫肌的收缩，具有间歇性、规律性，是临产的主要标志，促进胎位的形成，所以过早地干预不利于胎位正常的转动。随着生产的持续，宫缩持续时间渐长，但不超过 1 min，间歇时间可缩短为 1 ～ 2 min，宫缩强度逐渐增加。努责，腹壁肌和膈肌的收缩，由阵缩把胎儿挤入产道，压迫产道神经引起的腹壁肌和膈肌的反射性收缩，具有随意性，是胎儿从产道娩出的主要动力。

二、难产的一般处理

（一）难产的分类

由于发生的难产原因不同，常见的难产可分为产力性难产、产道性难产和胎儿性难产 3 大类。

1. 产力性难产

阵缩努责微弱；阵缩及破水过早及子宫疝气。

2. 产道性难产

子宫位置不正；子宫颈、阴道及骨盆狭窄；产道肿瘤。

3. 胎儿性难产

胎儿过大、过多；胎儿姿势不正（头、前后肢不正）；胎儿位置不正（侧位、下位）；胎儿方向不正（竖向、横向）。

在上述 3 种难产中，胎儿性难产最为常见。在临床中，难产的出现往往并不是单一原因引起的，如子宫颈狭窄伴以胎儿姿势反常；前肢和头部姿势可能同时发生不正等。

（二）难产的救助原则

（1）助产时，尽量避免产道的感染和损伤，注意器械的使用和消毒；

（2）保定时，尽量将胎儿的异常部分向上，母羊呈侧卧方式，以利操作；

（3）为便于推回或拉出胎儿，尤其是产道干燥时，应向产道内灌注润滑剂；

（4）矫正胎儿反常姿势，应尽量将胎儿推回到子宫内，前置部分最好栓上产科绳；

（5）拉出胎儿时，应随母羊的努责而用力；

（6）要尽量保证母子安全，必要时可舍子保母。

（三）难产的预防

（1）防止过早配种受孕，合理饲养后备母羊；

（2）妊娠期间，要进行合理饲养，增加营养物质的供给；

（3）妊娠母羊要有适当的运动；

（4）临产前要做好早期诊断。

三、新生羔羊的护理

新生羔羊饲养的根本是在母羊，时刻把母羊的饲养管理放在第一位，只有养好母羊才能养好羔羊。

（1）清除口鼻腔内的黏液异物，防治窒息及异物性肺炎；

（2）擦干羔羊，最好是母羊舔舐；

（3）断脐带，消毒，距离腹部 10 ～ 12 cm 处断即可。注意观察脐带干缩脱落时间，保持干燥，一般 7 d 左右。如有脐尿管、血管闭锁不全，可进行结扎脐带；

（4）接羔室内温度保持恒定，5 ～ 10℃为宜；

（5）早吃初乳，吃足，吃好。0.5 ～ 2.0 h 吃足初乳为宜；

（6）预防疾病，主要消化道及呼吸道疾病为多。同时注意预防地区白肌病；

（7）室外运动，出生 3 d 以上健壮的羔羊可以选择良好天气室外活动；

（8）寄养，对于出生后拒哺、母羊伤亡或疾病，或产羔过多的情况，选择母性好，分娩日龄接近的母羊进行寄养。同时可在羊群内饲养专业奶羊做保姆奶羊使用，提高羔羊成活率；

（9）系谱记录完善，做好留种计划的初选；

（10）做好补饲，于出生 15 ～ 20 d 在补饲栏内进行优质干草和精饲料隔栏补饲；

（11）断尾及去势，不做种用公羔可于出生 7 ～ 10 d 进行去势，绵羊进行断尾。

四、假死羔羊的急救措施

（1）采取任何急救措施前，必须先清理口腔鼻腔中的黏液，配合使用吸鼻器效果更佳；

（2）使用肾上腺素、樟脑、尼可刹米等，针刺鼻部；

（3）倒提羔羊，不断抖动，拍打羔羊的脖颈和臀部，进一步控出羔羊呼吸道里的羊水，进行人工呼吸；

（4）保温处理，可置于 37℃温水中。

任务评价

接羔技术任务评价见表 5-6-1。

表 5-6-1　接羔技术任务评价表

评价项目	评价指标	配分	得分
思想道德素质	爱党爱国、理想信念、遵纪守法等表现	15	
基本素质	爱岗敬业、诚实守信、积极进取等表现	15	
通用能力	工作态度、团队协作、沟通能力等表现	15	
专业能力	接产准备工作	10	
	一般接产助产技术及难产助产技术	15	
	初生羔羊的处理技术	15	
	假死羔羊的急救措施	15	
合计		100	

任务七　初生羔羊品质鉴定

任务导读

羔羊初生时，根据其初生重（第一次吃初乳前称重）、体型、毛色、毛质及生长发育、健康状况等特征做初生鉴定，为品质低劣不宜留种的公羊去势。

细毛、半细毛羊及其杂种羔羊初生3 d内须做一次品质鉴定。这是对羔羊的初步挑选，可以根据羔羊的等级组成，来鉴定种公羊的好坏，种公羊的后裔测定结果知道得越早越好。另外有一些性状（如羔羊身上的有色斑点和犬毛等）在羔羊身上能清楚地看到，而长大后逐渐消失或不易发现，这些性状对后代品质影响很大。鉴定评价的结果经反馈，可以有目的为父母、子代改良及选育提供方向。

鉴定时着重观察皮肤皱褶、毛色、体质、类型等方面。鉴定后可把羔羊分为优、良、中、劣4个等级。

一、优

体质坚实，体大，毛色全白无犬毛，被毛同质，初生体重在4 kg以上，体躯及四肢无杂色斑点。

二、良

体质坚实，体大或中等，毛色全白同质或有很少犬毛，初生体重在3.5 kg以上，体躯及四肢无杂色。

三、中

体质坚实，体格中等或略小，毛全白、同质，犬毛稍多或四肢次要部位有小的有色斑点，初生体重在3.0 kg以上。

四、劣

其他项目虽略同于以上各级，但羊毛混型或身躯主要部分有粗毛，或毛质略同于以上各级而体格较小、体质特差者均属劣级。

以上标准适用于细毛、半细毛羊品种的羔羊及其杂种羔羊，但杂种羔羊在毛质和毛色上可略为放宽。

初步鉴定后划出等级，并佩戴耳标，做好记录。耳标为圆形铝制品，使用前用钢字钉打上号码。编号时，第一个字母代表年度。

经鉴定挑选出的优秀个体，可用母子群的饲养管理方式加强培育。

任务目标

（1）了解初生羔羊品质鉴定的意义；

（2）熟练初生羔羊品质鉴定的标准及方法。

任务材料

初生羔羊若干只、工作服、羊栅栏、杆秤（台秤）、羊的品质标准、鉴定记录单、耳号、耳标钳等。

任务实施

一、鉴定前准备工作

鉴定小组对羊群的来源、饲养管理、鉴定等级及繁殖育种等方面的情况进行全面了解。选择羊场内平整宽敞、光线好的地面，要求大小适中，设置足够数量的分群栏用来圈放不同等级的羊。每个鉴定小组的同学分鉴定员、抓羊保定员、记录员。

二、测量鉴定

正确使用杆秤（台秤）测量羔羊初生重（出生后 1 h 内未吃初乳的体重）。

三、感官检查

观察羊只整体结构是否匀称，外形有无缺陷，被毛中有无花斑或杂色毛，行为是否正常。观察头部、鬐甲、背腰、体侧、四肢肢势、臀部发育状况。查看公羊的睾丸及母羊乳房发育情况，以确定有无进行个体鉴定的价值。

四、进一步鉴定

体格发育情况、毛被中有无浮现的犬毛、犬毛的多少及分布状态、有无杂色毛、有无先天畸形等。

五、评定等级

根据鉴定成绩，对照相应的标准评定出等级，并佩戴耳标。

六、复查

鉴定结束后进行复查，如果分级有误可进行调整。

七、记录

将鉴定结果填入羊只鉴定记录表（表 5–7–1）。

表 5–7–1　羊只鉴定记录表

序号	品种	羊号	性别	年龄	鉴定成绩												毛量/kg	体重/kg	等级
					头毛	类型	毛长/cm	毛密	弯曲	细度	匀度	油汗	体格	外形	腹毛	总评			

鉴定员：　　　　　　　　　　记录员：

初生羔羊品质鉴定任务评价见表 5–7–2。

表 5–7–2　初生羔羊品质鉴定任务评价表

评价项目	评价指标	配分	得分
思想道德素质	爱党爱国、理想信念、遵纪守法等表现	15	
基本素质	爱岗敬业、诚实守信、积极进取等表现	15	
通用能力	工作态度、团队协作、沟通能力等表现	15	
专业能力	初生羔羊品质鉴定标准应用	20	
	鉴定记录表填报	15	
	鉴定操作	20	
合　计		100	

任务八　产后护理

任务导读

从胎盘排出至母体生殖器官恢复到正常空怀的阶段称为产后期。产后期是子宫内膜的再生、子宫复原和重新进入发情周期的关键时期。同时也是母羊产后护理的重要时期。母羊分娩后管理的好坏直接关系到羔羊的成活率、羔羊品质，也关系到后期的健康状况。母羊的产后生理特点是气血亏损，消化机能弱，抗病力差，生殖器官处于快速恢复期，乳腺机能旺盛，泌乳能力逐渐上升。因此，为了尽快恢复体力，促进哺乳期的健康，提升羔羊成活率，对产后期的母羊应加以妥善处理。

一、子宫内膜的再生

分娩后，子宫黏膜表层发生变性、脱落，原属母体胎盘部分的子宫黏膜被再生的黏膜代替。在再生过程中，变性的母体胎盘、白细胞、部分血液、残留胎水及子宫腺分泌物等被排出，最初为红褐色，以后变为黄褐色，最后为无色透明，这种液体叫恶露。恶露排出的时间：绵羊 5 ～ 6 d，山羊 14 d 左右。恶露持续时间过长、异味、颜色脓黄色，说明子宫内有病理变化。

二、子宫复原

指胎儿、胎盘排出后，子宫恢复到空怀时的大小。羊的子宫复原时间为 21 ～ 28 d。

任务目标

（1）熟悉母羊产后的生理特点；
（2）掌握母羊产后日常护理基本要点；
（3）熟悉产后母羊饲喂技术。

任务材料

消毒剂、麸皮、红糖、补中益气药品等。

任务实施

产后母羊按以下操作进行护理：

（1）产后要供给母畜足够的麸皮汤，其中加入红糖 250 g、益母草 250 g、麸皮 1 kg、食盐 50 g，葡萄糖酸钙溶液 250 mL，水温 32 ～ 35℃，连续 3 ～ 5 d，必要时可进行糖钙补液。

（2）保持母畜外阴部的清洁，要用消毒溶液清洗外阴部、尾巴及后躯，及时更换垫草，保持产房及圈舍内干燥。

（3）产后增加钙饲喂量，采用高钙日粮，3 ～ 5 d 内供给优质、易消化饲料，以优质干草为主。产后 5 d 左右饲料可逐渐变为正常。

（4）青绿多汁饲料、青贮及精饲料，3 d 内不宜过多，甚至可以不使用，以免乳量分泌过多，引起乳房炎或羔羊腹泻。3 d 后根据机体恢复情况逐步增加精饲料饲喂量，促进泌乳。例如，双羔母羊日粮安排：豆科干草 0.5 ～ 1.5 kg，精饲料 0.3 ～ 0.5 kg，干草 2 kg，胡萝卜 0.2 ～ 0.5 kg，后期可加入青贮饲料 1.0 ～ 1.5 kg。

（5）放牧距离及放牧时间不宜过长。

（6）密切观察恶露排出情况，母羊精神状态。

（7）产后出现的一些病理现象，应及时妥善处理。

（8）产房注意保温，防忽冷忽热，防贼风。

（9）根据年龄、体质，做好保健，可投喂健脾健胃补中益气中药。

（10）做好分娩记录，单双羔、初生重、羔羊品质等记录完善。

产后护理任务评价见表 5-8-1。

表 5-8-1　后产护理任务评价表

评价项目	评价指标	配分	得分
思想道德素质	爱党爱国、理想信念、遵纪守法等表现	15	
基本素质	爱岗敬业、诚实守信、积极进取等表现	15	
通用能力	工作态度、团队协作、沟通能力等表现	15	
专业能力	产后母羊生理特点	10	
	生殖系统的恢复	15	
	产后母羊的早期饲喂	15	
	产后母羊的早期管理	15	
合 计		100	

项目六 肉羊管理技术

项目目标：

◎了解肉羊日常管理的目的和意义

◎学会肉羊的编号方法和驱虫计划的制定

◎掌握肉羊的去势、去角、断尾、修蹄等技术操作

思政目标：

◎培养学生爱岗敬业的职业素养

◎树立学生安全意识和规范意识

◎培养学生精益求精的工匠精神

◎培养团队协作和沟通能力

任务一　编　号

任务导读

羊的编号是开展育种工作不可缺少的技术项目，以便记载血统、生长发育、生产性能。编号要求简明，易于识别，字迹清晰，不易脱落，有一定的科学性、系统性，便于资料的保存、统计和管理。所用的方法依各地的习惯和羊群规模大小而定，通常分为群号、等级号和个体号三种。

一、群号

群号指在同一羊群中，羊只身体上的同一个部位所做的同一种标记，以期使该羊群与其他羊群相区分。编号方法一般由管理人员自行制定，如通过羊只身上的颜色标记（图6–1–1）。

图 6–1–1　群号

二、等级号

羊只经鉴定后，在耳朵上进行等级标记。等级编号一律在育成鉴定后进行，根据鉴定结果，用耳缺钳（图 6–1–2）在羊耳上规定的部位注明羊的等级，纯种羊打在右耳上，杂种羊打在左耳上。剪耳时尽量避开血管，耳缺钳用酒精消毒，少量的流血不必担心，剪耳后用 5% 碘酒涂擦缺口。具体等级规定如下：

一级羊：在耳下缘剪一个缺口。

二级羊：在耳下缘剪二个缺口。

三级羊：在耳上缘剪一个缺口。

四级羊：在耳上、下缘各剪一个缺口。

等外：割去耳尖。

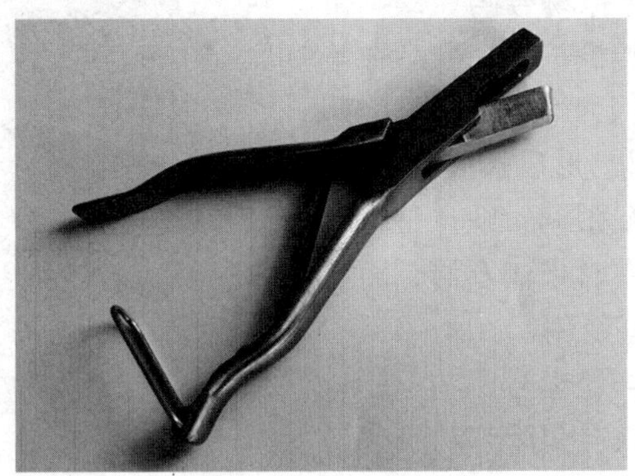

图 6–1–2　耳缺钳

三、个体号

羔羊出生后 2 ～ 3 d，结合初生鉴定，可进行个体编号。常用的方法有耳标法、墨刺法、剪耳法和烙角法。

（一）耳标法

耳标用以记载羊的品种、等级、出生日期和个体号等，是目前最常用的一种方法。耳标有金属耳标和塑料耳标两种，形状有圆形、长条形。一般以圆形为好。金属耳标，是用钢字钉把羊的品种、等级、出生年月和个体号打在耳标上，一般用英文字母代表品种和等级，用阿拉伯数字代表出生日期和个体号。如 BA19199 就代表波尔山羊品种、一级、2019 年出生、个体号为 199 号的个体。塑料耳标的使用也很方便，用记号笔直接写上，可用红、黄、蓝三种不同颜色代表羊的等级。一般习惯将公羊编为单号，将母羊编为双号，每年从 1 号或 2 号重新编号，不要逐年累计。

打耳标时，先用碘酊消毒耳号钳，然后在羊耳上缘穿孔，避开血管丰富区，同时再用碘酒在穿孔处消毒，将耳标穿入并固定。佩戴耳标后要注意看护，发生感染者应及时治疗，脱落后及应时补号。目前塑料耳标使用普遍，成本低，实用性强（图 6–1–3）。

图 6–1–3　耳号钳和耳标

（二）墨刺法

用特制的墨刺钳将所编号码刺在耳的内面（图 6–1–4）。先将拟编号码在墨刺钳上排列好，在刺号处用碘酒消毒，然后在羊毛少的部位手持墨刺钳用力均匀地在耳上刺字，再用墨汁或油墨涂抹，形成永久性记号。它的优点是编号数量不受限制；缺点是打上的字小，墨涂得不匀，有时模糊不清，而且羊耳呈黑色或褐色时不宜使用。

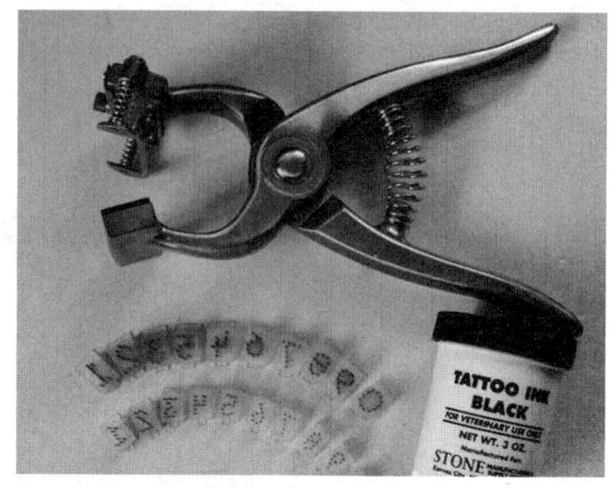

图 6–1–4　墨刺钳

目前普遍使用打码器将编号印在羊的身体上，此种方法不易造成羊只受伤，且容易辨识，应用广泛。见图 6–1–5。

图 6–1–5　羊打码编号

（三）剪耳法

剪耳法常用于没有耳标的情况下，多用于规模不大的种羊场，用作等级标记。其方法是用耳缺钳（图 6–1–2）在羊耳朵上的不同部位剪上缺口，用来代表一定的数字，作为个体号。其规定是：左耳作个位数，右耳作十位数，耳的上缘剪一缺口代表 3，下缘代表 1。剪耳时尽量避开血管，耳号钳应用酒精消毒，少量的流血不必担心，剪耳后用 5% 碘酒涂擦缺口。

这种方法虽然简单易行，但有缺点，羊数量在 1 000 只以上时无法表示。而且在羔羊时期剪的耳缺，到成年时往往变形而无法辨认，所以此法现在用得很少。

（四）烙角法

烙角法限于大型有角公羊使用，用烧红的钢字，把号码烙在角上，一般右角烙个体号，左角烙出生号。该方法可作为辅助编号，检查时较方便，因烙角法仅限于有角羊使用，因此使用较少。

任务目标

通过技能操作，学会羊的编号方法，掌握耳标法的操作方法。

任务材料

羔羊若干只、耳号钳、耳标、耳缺钳、打码器、记号笔、颜料等。

任务实施

一、羊只保定

两手握住羊的两角，骑跨羊身，以大腿内侧夹持羊两侧胸壁即可保定。

二、耳号编制

按照要求编写羊的个体号。

三、打耳标

打耳标时，先用碘酊消毒耳号钳，然后在羊耳上缘血管少处穿孔，同时再用碘酒在穿孔处消毒，然后将带有编号的耳标穿入并固定。

四、打码器

用打码器将编号印在羊的身体上。

编号任务评价见表 6–1–1。

表 6–1–1　编号任务评价表

评价项目	评价指标	配分	得分
思想道德素质	爱党爱国、理想信念、遵纪守法等表现	15	
基本素质	爱岗敬业、诚实守信、积极进取等表现	15	
通用能力	工作态度、团队协作、沟通能力等表现	15	
专业能力	产后母羊生理特点	10	
	生殖系统的恢复	15	
	产后母羊的早期饲喂	15	
	产后母羊的早期管理	15	
合 计		100	

任务二　去　势

任务导读

去势也称为阉割，是指摘除或破坏公畜的睾丸，使其不能分泌雄性激素，消除其性机能和生殖能力的方法。凡不宜做种用的公羔或公羊一律去势作育肥羊。羊去势后性情温驯，易于管理；也能够提高肉的品质，使肉质变细嫩、味美，并能加速肥育、节约饲料。另外，当公畜发生睾丸炎、睾丸创伤、睾丸肿瘤、鞘膜积液等疾病，采用其他方法治疗无效时，可以采用去势来治疗。有时可作为某些疾病的辅助治疗措施，如前列腺肿大、尿道造口、会阴疝、阴茎坏死、阴囊疝、子宫积脓、生殖道肿瘤、乳腺肿瘤和增生症、糖尿病或因难产而伴发子宫坏死等，均可以进行去势。

一、局部解剖概述

（一）阴囊

阴囊为呈袋状的腹壁囊，内有睾丸、附睾和精索。阴囊包括阴囊颈、阴囊体和阴囊底，阴囊壁由皮肤、肉膜、睾外提肌和鞘膜组成，见图 6-2-1。

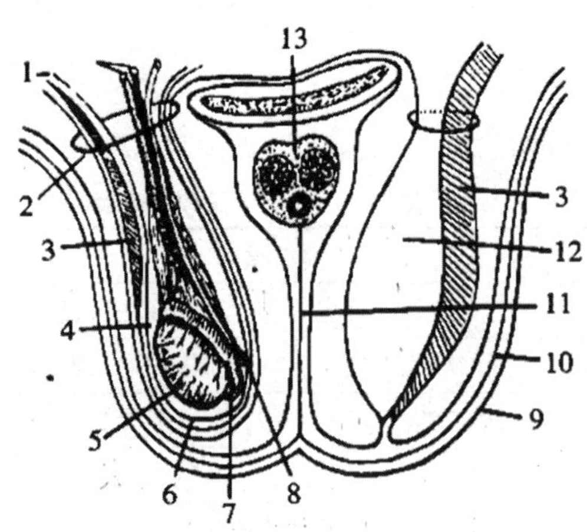

1. 腹膜；2. 腹股沟管；3. 睾丸提肌；4. 鞘膜腔；5. 睾丸；6. 附睾韧带；7. 阴囊韧带；9. 皮肤；10. 肉膜；11. 阴囊中隔；12. 鞘膜囊；13. 阴茎。

图 6-2-1　睾丸与阴囊的解剖结构模式（吴敏秋，动物外科与产科，2018）

1. 阴囊皮肤

阴囊皮肤薄且柔软，富有弹性，阴囊表面正中线为阴囊缝际，将阴囊分成左右两部分。在去势时，阴囊缝际作为手术的定位标志。

2. 肉膜

肉膜紧贴于皮肤内面，不易剥离。肉膜由少量弹性纤维、平滑肌构成；肉膜沿阴囊缝际形成一隔膜，称为阴囊中隔；肉膜与阴囊皮肤紧密结合，当肉膜收缩时，阴囊皮肤起皱褶。肉膜下筋膜在阴囊底部的纤维与鞘膜密接，构成阴囊韧带。

3. 睾外提肌

睾外提肌来自腹内斜肌，位于总鞘膜外，是一条宽的横纹肌，向下则逐渐变薄。此肌收缩时可上提睾丸，接近腹壁。

4. 鞘膜

鞘膜由总鞘膜和固有鞘膜组成。总鞘膜是由腹横筋膜与紧贴于其内的腹膜壁层延伸至阴囊内形成，呈灰白色，坚韧有弹性，在阴囊壁的内面。在内环处总鞘膜与腹膜壁层相连。在腹股沟管的后壁，总鞘膜反转包被精索，形成与肠系膜相似的褶皱，称为睾丸系膜或固有鞘膜，固有鞘膜包被在精索、睾丸和附睾上；在整个精索及附睾尾的后缘，固有鞘膜与总鞘膜折转来的腹膜褶相连，在附睾后缘鞘膜的加厚部分称为附睾尾韧带（阴囊韧带）。露睾去势时需剪开附睾尾韧带，撕开睾丸系膜，睾丸才不会缩回。

总鞘膜与固有鞘膜之间形成鞘膜腔，在阴囊颈部和腹股沟管内形成鞘膜管；鞘膜腔经鞘膜管的鞘环与腹腔相通，鞘膜管内有精索通过。

（二）睾丸和附睾

睾丸和附睾均位于阴囊中，左、右各一。睾丸呈左右稍扁的椭圆形或长椭圆形，表面光滑。附睾分为附睾头、附睾体和附睾尾，附睾体紧贴在睾丸上，附睾尾部分游离并移行为输精管，经附睾韧带与睾丸相连。

（三）输精管和精索

输精管由附睾管直接延续而成，由附睾尾沿附睾体至附睾头附近，进入精索后缘内侧的输精管褶中，经腹股沟管入腹腔，然后折向后上方进入骨盆腔，在膀胱背侧的尿生殖褶内继续向后伸延，开口于尿生殖道起始部背侧壁的精阜上。精索为一索状组织，呈扁平的圆锥形，由血管、神经、输精管、淋巴管和睾内提肌等组成；精索分为两部分，一部分含有弯曲的精索内动脉、精索内静脉及其蔓状丛，由不太发达的平滑肌组成睾内提肌、精索神经丛和淋巴管；另一部分为由浆膜形成的输精管褶，褶内有输精管通过。

二、去势

（一）保定方法

1. 侧卧保定法

将羊左侧倒卧，用细绳捆住两前肢和右侧后肢。右侧后肢在两前肢中间，助手左手压住羊颈部，右手提起的三肢、呈半仰卧姿势，术者用脚踩住羊的左后腿施行手术。此保定方法适用于大羊。

2. 倒提保定法

将羊两后肢提起用两腿夹住头颈，使羊腹部向术者倒垂。此保定方法适用于小羊。

3. 仰卧保定法

将羊仰卧在地上，抓住两前肢，术者用脚踩住两后肢保定。这种方法简便易行，速度快，阴囊充分暴露，容易操作。但要注意助手与术者的安全，并且注意羊的仰卧姿势要到位。此保定方法适用于大羊。

（二）去势方法

1. 手术法

用手术刀或阉割刀切开阴囊，摘除睾丸。切开阴囊常用的方法有纵切法和横切法，纵切法适用于成年公羊，方法是术者左手紧握阴囊颈部，将睾丸挤向阴囊底，右手持手术刀在阴囊后面或前面中缝两侧，距中缝 2 cm 左右处，由上而下分别做与中缝平行的切口，切开两侧阴囊皮肤及总鞘膜，切口的下端应切至阴囊最底部（图 6-2-2 A）。横切法适用于幼年公羊，方法是术者握紧阴囊颈部，将睾丸挤向阴囊底部，在阴囊底部由左侧至右侧做与中缝垂直相交的切口，一次切开阴囊的左、右二室（腔），切口即在阴囊最底部（图 6-2-2 B）。

切开阴囊壁后，挤出睾丸，切断鞘膜韧带后，断离精索除去睾丸。断离精索的方法，常用结扎法或挫切法。挫切法用于幼羊，效果较好，并在阴囊创口内撒入碘仿磺胺或抗生素，对阴囊创口涂碘酊消毒。

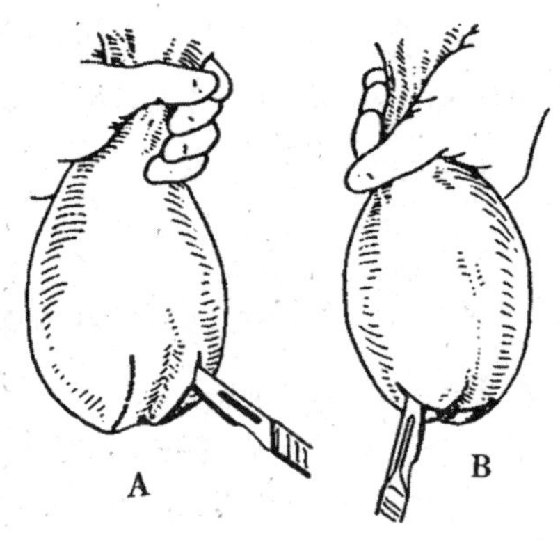

A. 纵切法；B. 横切法。

图 6-2-2　阴囊切口（林德贵，兽医外科手术学，2004）

2. 去势钳法

去势钳法是术者用手抓住羊阴囊颈部，将睾丸挤到阴囊底部，推挤精索到阴囊外侧，用长柄精索固定钳夹住精索内侧皮肤，以防精索在皮下滑动。将无血去势钳（图 6-2-3 A）钳嘴张开，夹在长柄精索固定钳固定点上方 3 ～ 5 cm 处（图 6-2-3 B），确定精索在两钳嘴之间时用力合拢钳柄，即可听到清脆的“咯吧”声，表明精索已被挫断。钳柄合拢后应停留 1 ～ 3 min，再松开钳嘴，松钳后再于其下方 1.5 ～ 2.0 cm 处的精索上做第二次钳夹。另一侧的精索同样处理，将钳夹部皮肤用碘酒消毒。该方法快速有效，但操作者要有一定的经验。

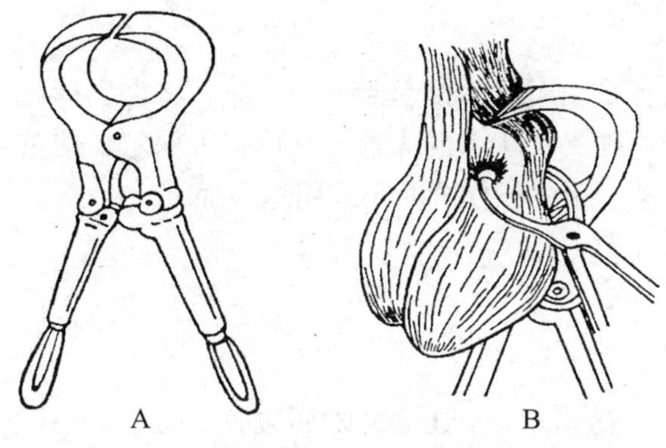

A. 去势钳；B. 钳断精索。

图 6-2-3　去势钳去势法（吴敏秋，动物外科与产科，2021）

3. 结扎法

先将公羔的睾丸挤到阴囊底部，然后用橡皮筋或细绳将阴囊的上部紧紧扎住，以阻断血液流通（图 6-2-4）。术者左手握紧阴囊基部，右手撑开橡皮筋将阴囊套入，反复扎紧，以阻断下部的血液流道。经 15 ～ 20 d，阴囊连同睾丸自然脱落。此法较适合 1 月龄左右的羔羊。在结扎后，要注意检查，防止结扎效果不好或结扎部位发炎、感染。此法简单易行、无出血、无感染。

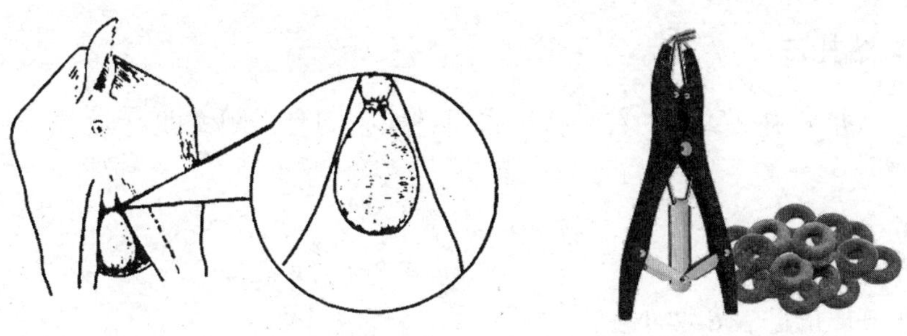

图 6-2-4　结扎法（李国江，动物普通病，2018）

任务目标

通过技能操作，使学生了解羊去势的操作程序，掌握操作要领及注意事项，掌握羔羊去势技术。

任务材料

羔羊若干只、手术刀、去势钳、扩张钳、常规消毒药品及用具等。

任务实施

一、术前保定

小羊可用倒提法保定，由助手提起羔羊两后肢，将尾巴握住，使羔羊倒立，羔羊腹部面向助手，助手用两腿夹住小羊的头颈。也可一人保定，使羊半蹲半仰，置于凳上。对大羊则用侧卧保定法，用手抓住羊四蹄或用短绳捆绑。

二、去势操作

（一）手术法

术者一只手捏住阴囊上方，不让睾丸缩回腹腔，另一只手用消毒过的手术刀在阴囊下方（约 1/3 处）横向切开一口，挤出睾丸，左手指紧夹睾丸根部，用右手将睾丸连同精索一齐拧断，然后用碘酒充分消毒术部即可。

（二）去势钳法

术者用手抓住羊阴囊颈部，将睾丸挤到阴囊底部，推挤精索到阴囊外侧，用长柄精索固定钳夹住精索内侧皮肤，将无血去势钳钳嘴张开，夹在长柄精索固定钳固定点上方 3 ～ 5 cm 处，确定精索在两钳嘴之间时用力合拢钳柄，钳柄合拢后停留 1 ～ 3 min，再松开钳嘴，松钳后再于其下方 1.5 ～ 2.0 cm 处的精索上做第二次钳夹。另一侧的精索同样处理，将钳夹部皮肤用碘酒消毒。

（三）结扎法

术者左手握紧阴囊基部，右手持扩张钳将橡胶圈套入阴囊即可。

去势任务评价见表 6–2–1。

表 6–2–1　去势任务评价表

评价项目	评价指标	配分	得分
思想道德素质	爱党爱国、理想信念、遵纪守法等表现	15	
基本素质	爱岗敬业、诚实守信、积极进取等表现	10	
通用能力	工作态度、团队协作、沟通能力等表现	10	
专业能力	术前保定	10	
	手术法操作	15	
	去势钳法操作	15	
	结扎法操作	15	
	术后护理	10	
合 计		100	

任务三　去　角

任务导读

去角是羊饲养管理的重要环节。去角后的羊性格温顺，料肉比低，出栏快，肉质口感好，很受市场欢迎。去角是在羔羊阶段将刚刚萌生的羊角切除或者采取一定方式阻止其生长的一种措施，最佳的去角时间是在出生后的20日龄之内，如果去角太晚，角部神经就会生长，去角时疼痛明显，应激较大。去角的目的是减少羊之间的打斗，羊角对于羊来讲是自身防御和攻击的“武器”，在日常群居生活中羊因为社群行为经常会出现争斗现象，羊角相对强壮的个体很容易对弱者造成损伤，还有些羊甚至利用自己的羊角给饲养员造成伤害。除此之外，羊角生长过程中会消耗机体营养，不利于育肥。基于上述原因，养殖场会在羔羊阶段进行去角，从而利于管理。除了羊本身原因外，去了角的羊肉质口感更好，市场售价也相对更高，这也是羊场喜欢去角的重要原因之一。

一、角的构造

角是由皮肤衍生而成的鞘状结构，套在反刍动物额骨两侧的角突上，为动物的防卫武器。

（一）角的形态

角的形态一般与额骨角突的形态相一致，通常呈锥形，略带弯曲，且因畜种、品种、年龄和性别而异。此外，角的形态还与角的生长情况有关，如果角质生长不均衡，就会形成不同弯曲度乃至螺旋形角。角分为角基（角根）、角体和角尖（图6-3-1）。角基与额部皮肤相连续，角质薄而软。角体为角的中部，由角基生长延续而来，角质逐渐增厚。角尖由角体延续而来，角质最厚，甚至成为实体。在角的表面有环形隆起，称为角轮，牛的角轮仅见于角根部，羊的角轮较明显，几乎遍及全角。

（二）角的结构

角由角表皮和角真皮构成（图6-3-2）。角表皮高度角质化，由角质小管和管间角质构成，羊的角质小管排列稀疏，管间角质较多。角真皮位于角表皮的深层，与额部皮肤真皮相延续，无皮下组织，直接与角突的骨膜紧密结合，表面有发达的乳头。真皮乳头深入表皮的角质小管中。

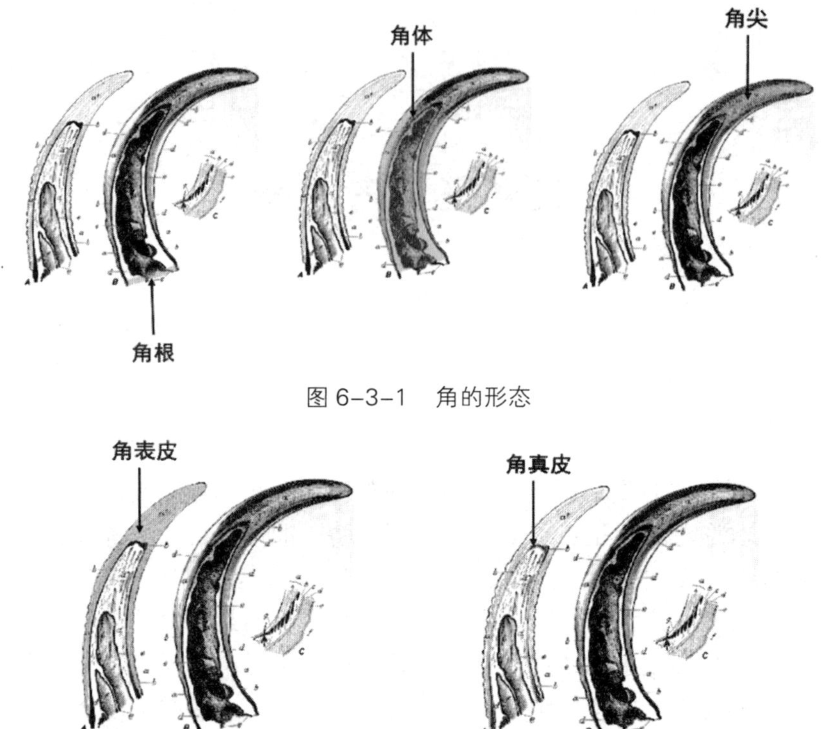

图 6-3-1 角的形态

图 6-3-2 角的结构

（三）角的神经和断角术

分布于角的神经为角神经，为眼神经颧颞支的分支。在现代化畜牧生产实践中，常用外科手术的方法除去反刍动物头部的角。采用的方法有两种：对成年动物，阻塞麻醉角神经后锯掉角及角突。角神经麻醉部位在颞线腹侧。对幼龄反刍动物，通过外科手术除去角原基及其附近的皮肤，以阻止骨质角突和角的发育。

二、去角的方法

有角羊容易引起角斗损伤，常常出现顶伤饲养管理人员的现象，不便于管理，因此，最好给羊去角。常用的去角方法有以下 4 种。

（一）化学去角法

又称苛性钾（钠）去角，通过高浓度的氢氧化钠对局部进行处理，由于火碱的强碱性，对角根部细胞的活性产生影响，进而失去长角能力或降低角的生长速度。该法操作简单，但很多时候去除的并不是很彻底，有时需要二次或更多次的操作。本法操作时应注意，火碱有一定腐蚀性，且溶液在配制过程中会发热，容易对皮肤造成灼伤。未用完的火碱需无害化处理，可用食醋等酸性溶液进行中和，也可当作消毒剂尽快使用完毕，切不可随意放置，防止场内人员、儿童等出现误用或误服情况。

去角时一般在羔羊出生后 5 ～ 10 d 内进行。新生羊如果有角，其角蕾部分的毛呈旋涡状，手摸时有硬而尖的突起，若无角时头顶没有旋毛，凸起钝圆。去角时需两人配合进行，固定头部时，使其不能乱动，去角时首先应将角蕾部分的毛剪掉，周围涂上凡士林，以防苛性钾(钠)溶液流出，损伤皮肤和眼睛。准备工作做好后，取棒状苛性钾(钠)一支，一端用纸包好，可防止烧伤手指，便于手握，另一端在角蕾部分旋转摩擦，应由内到外，由小到大，反复进行，直至微血管出血为止。摩擦时不要用力过大，使其出血过多，出血过多则会在角蕾部分形成一个凹痕。摩擦的位置要准确，磨面要大于角基部。如摩擦面过小或位置不正，往往会出现片状短角。磨面过大会造成凹痕和眼皮上翻。去角后，要擦净磨面上的药水和污染物，随母羔羊半天内不应让其接近母羊，以免烧伤母羊乳房或羔羊舌头。

(二)药物去角法

通过局部涂抹药物(如去角膏)来抑制羊角的生长，最大优势是操作简单，且效果较好，一般不需要二次去除。其弊端是目前市场出售的该类药物一般具有较大腐蚀性，操作时首先应将羊角周围的毛剔除干净，露出皮肤后再进行涂抹。药物涂抹后由于腐蚀作用，局部会有一些疼痛感觉，这种感觉虽然不如灼烧法强烈，但持续时间更长，一般为 3 ～ 5 d，期间羊会不断用脚踢自己头顶部，有时在墙面摩擦，应激很大，多数羊用完药后的 1 ～ 2 周会出现生长发育减缓现象，采食量和体重明显小于同日龄羊。另外，还有些羊用药后如果和其他羊待在一起，有腐蚀性的药膏会蹭到别的羊体表，从而导致皮肤被腐蚀。

(三)烙铁去角法

用电烙铁不断在羊角根部位加热，直到将局部长角的皮下组织细胞烫死，失去活性后的羊角后期就不会生长。该法最大优点是操作简单，成本较低，只需要一个加热工具即可，但劣势也很明显，就是灼烧过程中会产生剧烈疼痛，虽然这种疼痛是暂时的，但也会产生较大应激，很多羔羊采用该法去角后对人的警觉性明显提高，只要有人靠近就躲避，不断嘶叫，显然已经产生了阴影。另外，该法对人员操作水平要求较高，如果操作不当会造成局部永久性坏死，如果皮肤对伤口失去保护作用，后期甚至还可能造成感染。

羔羊出生后 5 ～ 7 d 可用烧烙法去角。其方法是用长 8 ～ 10 cm、直径 1.5 cm 铁杆，焊上一个把，在炭火上烧红取出后，略停片刻，待红色变成蓝色时，绕着羔羊角蕾的周围旋转，这时角基部被烧焦。周围血管收缩，然后撬掉角蕾部分骨质。此法速度快，出血少，值得提倡。目前通常采用去角器去角，如图 6-3-3 所示。

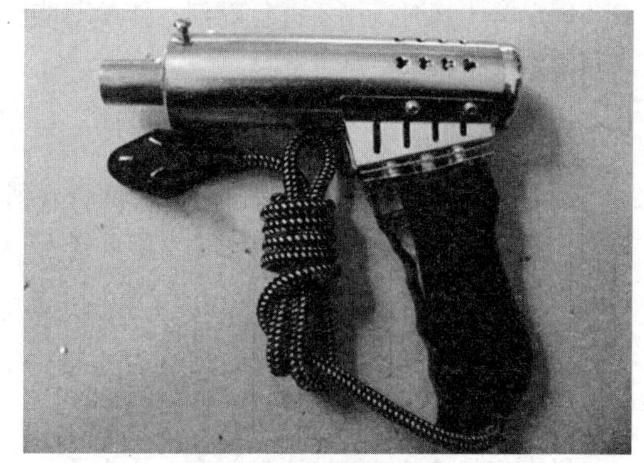

图 6-3-3　羔羊去角器

（四）手术去角法

通过手术方式将羊角去除，可用刀割掉或用锯子锯掉，该法的优势是除了羔羊阶段外，其他生长阶段的羊也可以使用。由于羊角内本身没有神经存在，去角过程不会产生剧烈疼痛，一般不会对羊的生长造成影响。但该法同样具有一定弊端，首先是操作麻烦，而且通常需要 1 ～ 2 个人对羊进行固定，手术操作过程中羊会产生抵抗行为，导致去一次角耗时较长，费时费力。很多操作人员在去角过程中，有时还会不小心造成羊角局部出现物理性的损伤而引发出血，很容易导致局部感染，此时会增强羊的应激反应。

总之，羊角是动物进化形成的，在饲养过程中管理人员为了实现经济效益最大化而采用的去角行为是一种不符合动物福利的行为。虽然去角的方法有多种，但建议羊场在实际生产过程中，应结合本场的实际情况合理选择。如果羊场存栏量大，羊数量多，可选择操作简便的火碱法、药物法等。如果羊数量较少，通过人工操作能较好完成工作，则选择手术法、灼烧法即可。无论采用哪种方法，一定要将动物的应激反映降至最低，在操作过程中动作要轻柔，如果羊反应剧烈就停止去角或更换方法，以最小的付出和成本换来最大的效果。

任务目标

通过技能操作，掌握肉羊去角技术。

任务材料

羊若干只、电剪、去角器、去角膏、手术刀、凡士林等。

任务实施

一、术前保定

固定羊头部时，用手握住嘴部，使羊不能摆动但能发出叫声为宜，防止把羊捂死和去角刺激过度而使羊发生窒息。

二、术前准备

用电剪将角蕾周围的毛剃掉，剃的面积要稍大些（直径约 3 cm）。

三、羔羊去角

去角时，采用以下 3 种方法进行：

（一）药物去角法

操作前带乳胶手套或乳胶指套，取去角膏直接涂抹至羔羊的角部突起位置，涂抹完毕后，继续绑定羔羊约 30 min。

（二）烙铁去角法

去角器在使用前预先通电预热，然后放到羊角基部轻轻用力，当烧焦的羊角冒烟的时候旋转去角器，继续熨角 3 ～ 5 s，时间不应延长，当基部出现铜色环形时完成。

（三）手术去角法

就是用手术刀从角基切掉角蕾。对于去角不彻底的，以后长出的残角可用钢锯锯掉。

去角任务评价见表 6–3–1。

表 6–3–1　去角任务评价表

评价项目	评价指标	配分	得分
思想道德素质	爱党爱国、理想信念、遵纪守法等表现	15	
基本素质	爱岗敬业、诚实守信、积极进取等表现	10	
通用能力	工作态度、团队协作、沟通能力等表现	10	
专业能力	术前保定	5	
	术前准备	10	
	药物去角操作	10	
	烙铁去角操作	15	
	机械去角操作	15	
	术后处理	10	
合 计		100	

任务四　断　尾

任务导读

一般肉用绵羊尾巴较大，在传统放牧条件下，绵羊的尾巴充当一个“粮库”的作用，牧草丰茂时，绵羊把除了身体需要以外的多余养料变成脂肪，贮存在尾巴里，而牧草短缺时，它又能靠尾巴里的脂肪度过饥荒。羊舍饲后，每天都能均衡吃到营养全面的日粮和饲草，再也不需要尾巴这个“粮库”了，且绵羊的尾巴容易造成羊毛污染和配种困难，因此必须做断尾处理。

一、断尾的作用

肉用绵羊断尾后，在羊肉品质、育肥效果、配种等方面可起到较好的效果。羔羊断尾后，一是可以改变皮下脂肪及肌间脂肪含量，提高羊肉品质，减少羊膻味；二是可以避免把营养物质储存在尾巴中，缩短育肥的时间；三是发情的绵羊都需要人工辅助，断尾后便于配种；四是可以避免粪便污染羊毛。

二、断尾的时间和方法

（一）断尾时间

羔羊 2 ～ 21 日龄均可断尾，但以 2 ～ 7 日龄最为适宜。断尾最好在晴天早上进行，如遇体质弱、天气过冷，可顺延几天，羔羊断尾越早越好。没有断尾的成年羊随时随地都可进行。

（二）断尾方法

1. 结扎法

用弹性强的橡皮圈，如废旧的假阴道内胎、自行车内胎等，剪成直径 0.5 ～ 1.0 cm 的胶圈，在第三、第四尾椎骨中间，用手将此处皮肤向尾上端推后，即可用胶圈缠紧，也可用专用的橡胶圈套在扩张钳上（图 6-4-1），套在第三、第四尾椎骨中间。羔羊经 10 d 左右的时间，尾部便逐渐萎缩，自然脱落（不要剪割，以防感染破伤风）。此方法简单易行，不流血、愈合快、效果好，但所需时间较长。

图 6-4-1　扩张钳及专用橡胶圈

2. 快刀法

先用细绳捆紧尾根，断绝血液流通，然后用快刀离尾根 4 ～ 6 cm 处切断，伤口用纱布、棉花包扎，以免引起感染或冻伤。当天下午将尾根部的细绳解开，使血液流通，一般经过 7 ～ 10 d，伤口就会愈合。

3. 热断法（烧烙法）

可用断尾钳（图 6–4–2）或断尾铲（厚 0.5 cm，宽 7 cm，高 10 cm，图 6–4–3）进行。用断尾铲断尾时，首先要准备两块 20 cm^2 的木板。一块木板的下方挖一个半月形的缺口，木板的两面钉上铁皮，另一块两面钉上铁皮即可。操作时，一人把羊固定好，两手分别握住羔羊的四肢，把羔羊的背贴在固定人的胸前，让羔羊蹲坐在木板上。操作者用带有半月形缺口的木板，在尾根第三、第四尾椎骨中间，把尾巴紧紧地压住。用灼热的断尾铲紧贴木块稍用力下压，切的速度不宜过急，若有出血，可用热铲再烫一下即可，最后用碘酒消毒。

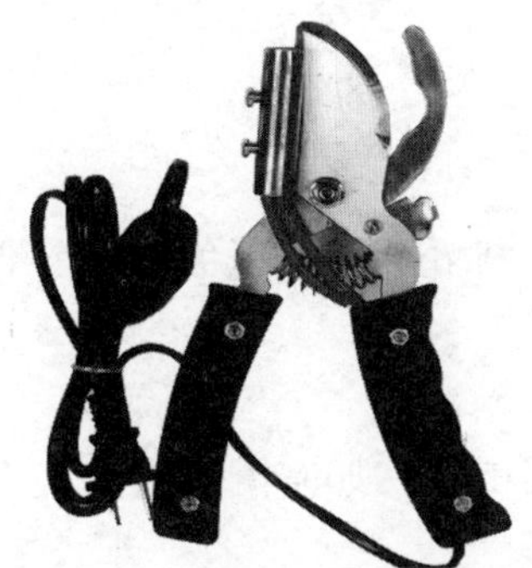

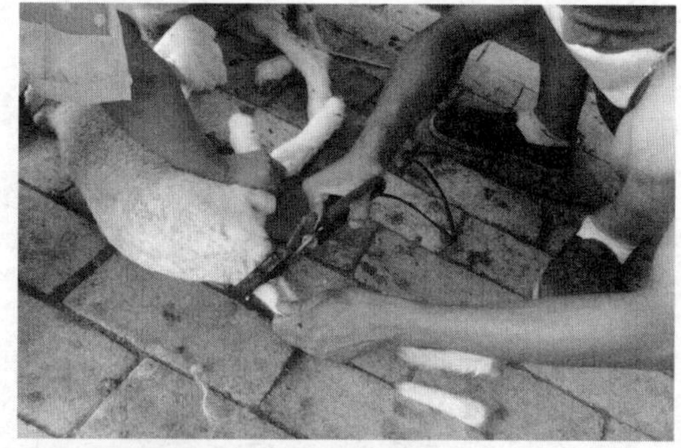

图 6–4–2　断尾钳

图 6–4–3　断尾铲断尾

任务目标

通过技能操作，掌握肉羊断尾技术。

任务材料

羔羊若干只、断尾铲、断尾钳、手术刀、扩张钳、橡皮圈、碘酒等。

任务实施

一、术前保定

由一人将羔羊抱在怀里，头朝上、背向着保定人的腹部，保定人用双手将羔羊前后肢分别固定住，使其坐在木板上，并用薄铁皮（或木板）挡住羔羊的阴门或睾丸。

二、断尾操作

（一）热断法

将断尾铲烧热至暗红色，操作人员用左手拉直羔羊尾巴使其紧贴在木板上，右手持烧好的断尾铲，在距尾根 4 ～ 6 cm 处（母羊以盖住外阴部为宜），将皮肤向根部稍拉一下，慢慢向下压切，边切边烙，这样做兼有消毒作用。羔羊断尾后，要注意观察，若发现流血，应进行烧烙或止血处理。

（二）快刀法

用手术刀离尾根 4 ～ 6 cm 处切断，伤口用纱布、棉花包扎，以免引起感染或冻伤。

（三）结扎法

用橡胶圈套在扩张钳上，套在第三、第四尾椎骨中间，按照套圈处消毒、剪毛、套圈、固定好套圈等程序进行。

三、术后护理

断尾后断端涂 2% 碘酊，不管采用哪种方法，留下的断端应以能盖住阴门为原则。

断尾任务评价见表 6–4–1。

表 6–4–1　断尾任务评价表

评价项目	评价指标	配分	得分
思想道德素质	爱党爱国、理想信念、遵纪守法等表现	15	
基本素质	爱岗敬业、诚实守信、积极进取等表现	10	
通用能力	工作态度、团队协作、沟通能力等表现	10	
专业能力	术前保定	10	
	热断法操作	15	
	快刀法操作	15	
	结扎法操作	15	
	术后护理	10	
合 计		100	

任务五　护蹄与修蹄

任务导读

一、护蹄与修蹄的意义

护蹄与修蹄是一项重要的管理工作。放牧的羊群由于经常行走，羊蹄磨损较多，生长较慢，而舍饲的羊群活动空间小，羊蹄磨损慢，生长较快。无论放牧还是舍饲，长期不进行修蹄，便会造成严重的影响。

护蹄是指对羊的肢蹄进行健康管理。蹄病的发生有诸多因素，如遗传、营养、环境、管理等。羊蹄药浴是目前预防羊蹄病的有效方法，浴蹄可分为湿浴和干浴两种方法，湿浴一般用3%甲醛溶液或10%硫酸铜溶液浸泡，达到杀菌消毒的效果，适用于规模化养殖场；干浴是往患病肢蹄上撒熟石灰粉末，达到治疗蹄病的效果，规模化养殖场和散养场均可使用。

修蹄是重要的保健工作，尤其对舍饲种羊影响最大。正常情况下，羊蹄角质生长较快，若长期不及时进行检查修剪羊蹄，就会出现羊蹄过长、蹄型不正、蹄尖上卷等，严重时会导致四肢变形、采食困难，公羊精液品质下降，甚至引发蹄病，造成羊只行走困难，影响健康，甚至残废，所以在生产中要定期检查，经常进行修蹄。一般放牧的羊群每年春季进行一次修剪即可，而在舍饲和半舍饲的饲养条件下的羊群则应每间隔4～6个月修蹄一次，或根据具体情况随时修蹄，以确保羊群蹄型端正。修蹄时一般先从左前肢开始，修完前蹄后，再修后蹄。修蹄一般在春季和夏季进行，此时蹄质软，易修剪，春季修蹄多在剪毛后放牧前进行。

为了避免引发蹄病，羊舍需注意干燥，保持良好的通风，定期打扫圈舍，定期检查羊蹄，若发现病变，应及时治疗。

二、羊蹄的构造

羊蹄是指（趾）端着地的部分，由皮肤衍生而成。每肢的指（趾）端有4个蹄，其中第3、第4指（趾）端的蹄发达，直接与地面接触，称为主蹄；第2、第5指（趾）端的蹄很小，不着地，附着于膝关节掌（跖）侧面，称为悬蹄。

（一）主蹄

主蹄的形状与远指（趾）节骨相似，呈三面棱锥形，由蹄表皮或蹄匣、蹄真皮或肉蹄、皮下组织构成。按部位可分为蹄缘、蹄冠、蹄壁、蹄底和蹄枕 5 部分，蹄近端与皮肤相连的部分称为蹄缘；蹄缘与蹄壁之间为蹄冠；位于远指（趾）节骨轴面和远轴面的部分称为蹄壁；位于远指（趾）节骨底面前部的称为蹄底；位于蹄骨底面后部的称为蹄枕。

1. 蹄匣

蹄匣为蹄的表皮（角质层），质地坚硬，分为蹄缘表皮、蹄冠表皮、蹄壁表皮、蹄底表皮和蹄枕表皮五部分（图 6-5-1）。

（1）蹄缘表皮。蹄缘表皮为蹄表皮近端与皮肤连接的部分，呈半环形窄带，柔软而有弹性，可减轻蹄匣对皮肤的压迫。

（2）蹄冠表皮。蹄冠表皮为蹄缘表皮下方颜色略淡的环状带，其内面凹陷成沟，称为蹄冠沟，沟底有无数角质小管的开口，肉冠真皮乳头伸入其中。

（3）蹄壁表皮。蹄壁表皮为蹄匣的轴面和远轴面。轴面即指（趾）间面，凹，仅后部与对侧蹄接触。远轴面凸，与地面夹角为 30°，呈弧形弯向轴面。远轴面可分为 3 部分，前方为蹄尖壁，后方为蹄踵壁，两者之间为蹄侧壁。蹄壁表皮下缘与地面接触的部分称为底缘。

蹄壁表皮由外层、中层和内层 3 层组成。外层为釉层，由角化的扁平细胞组成，有保持角质壁内水分的作用。中层为冠状层，是最厚、最坚固的一层，富有弹性，有保护蹄内组织和负重的作用。冠状层由许多纵行排列的角质小管和管间角质组成，角质中常有色素，故蹄呈深暗色。内层为小叶层，由许多纵行排列的角质小叶组成。角质小叶较柔软，无色素，与肉小叶紧密嵌合，使蹄匣与肉蹄牢固结合在一起。

（4）蹄底表皮。蹄底表皮为蹄匣底面的前部，与地面接触，表面微凹，呈三角形，与蹄壁表皮底缘之间以浅色的白带为界。蹄底表皮的背面凸，有许多角质小管的开口，容纳肉底上的真皮乳头。

（5）蹄枕表皮。蹄枕表皮为蹄匣底面的后部，呈球状隆起，由较柔软的角质构成，常成层裂开，其裂缝可引起蹄部感染。

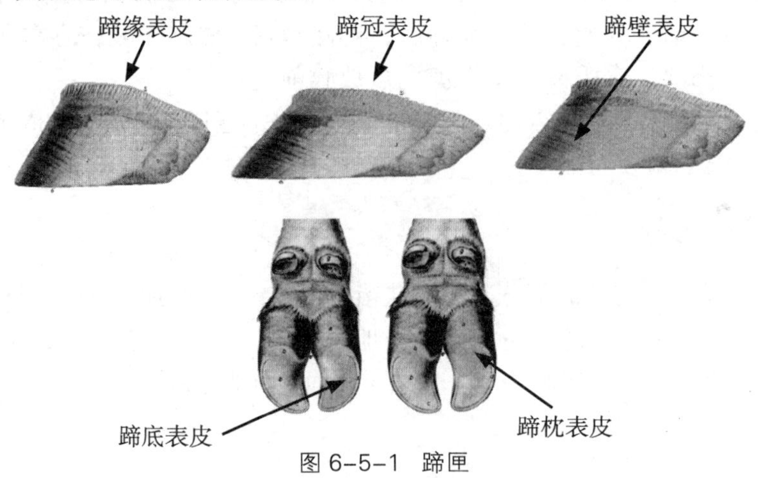

图 6-5-1 蹄匣

2. 肉蹄

肉蹄为蹄的真皮层，富含血管和神经，颜色鲜红。肉蹄套于蹄匣内，形状与蹄匣相似，也分为以下各个部分，即蹄缘真皮（肉缘）、蹄冠真皮（肉冠）、蹄壁真皮（肉壁）、蹄底真皮（肉底）和蹄枕真皮（肉球）五部分，在肉缘、肉冠、肉底、肉球等处真皮形成真皮乳头，肉壁处的真皮则形成许多纵行的小叶，这些乳头和小叶伸入表皮生成的角质层，对其有滋养作用（图 6–5–2）。

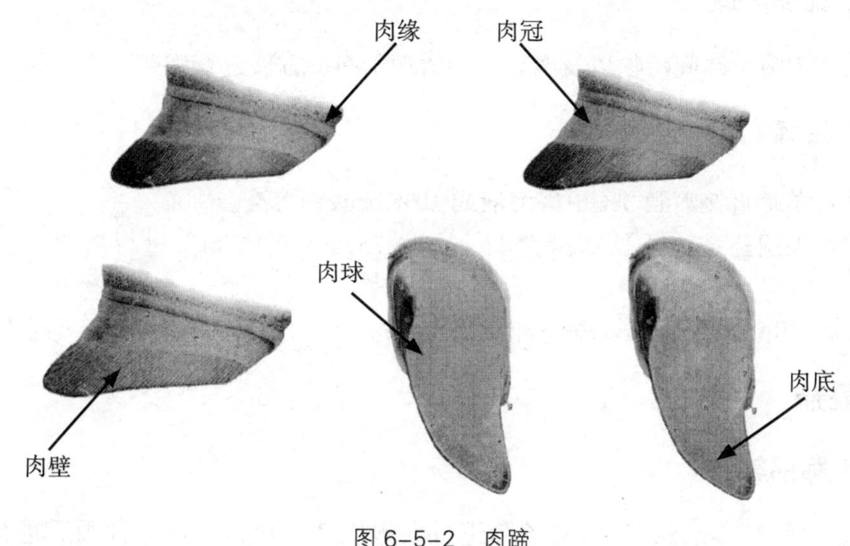

图 6–5–2　肉蹄

3. 皮下组织

蹄缘和蹄冠部的皮下组织薄；蹄壁和蹄底无皮下组织，肉壁和肉底直接与远指（趾）节骨骨膜紧密结合；蹄枕的皮下组织发达，弹性纤维丰富，构成指（趾）端的弹性结构。

（二）悬蹄

悬蹄的结构与主蹄相似，其肉冠较为明显。悬蹄呈短圆锥状，位于主蹄的后上方，附着于膝关节掌（跖）侧面，不与地面接触。其结构与主蹄结构相似，也由蹄匣、肉蹄和皮下组织构成。蹄匣为锥状的角囊，蹄壁表皮也有角质轮，角质较软，内表面也有角小叶，蹄冠真皮明显。

任务目标

（1）了解肉羊护蹄和修蹄的重要意义；

（2）熟练使用修蹄工具；

（3）掌握肉羊修蹄和浴蹄的方法。

任务材料

羊若干只、浴蹄药液（3% 甲醛溶液或 10% 硫酸铜溶液）、修蹄直刀、修蹄弯刀、修蹄剪、修蹄钳、蹄锉、烙铁、碘酒、保定架等。

任务实施

一、浴蹄

（一）蹄部清理

用修蹄弯刀将羊蹄间污物以及腐烂羊蹄清理干净，方便进行浴蹄。

（二）浴蹄

操作一：羊蹄直接喷洒 3% 甲醛溶液或 10% 硫酸铜溶液。

操作二：采用药浴池（长宽深为 =5 m × 0.75 m × 0.15 m）进行浴蹄，池底注意防滑。

药液：3% 甲醛溶液或 10% 硫酸铜溶液，每月药浴一次，药浴池污染后及时更换药液。

二、修蹄

（一）蹄部软化

采用清水或 2% 硫酸铜溶液对羊蹄进行浸泡使其软化，亦可选择雨后进行修蹄，此时羊蹄经过雨水浸泡，蹄质变软，容易操作。注意只有蹄部软化后，才更方便进行修剪。

（二）羊只保定

羊修蹄时，将要修蹄的羊只牵入保定架或颈夹，采用站立保定法，一人抓紧羊小腿部位，一人进行修剪，避免羊只乱动造成羊蹄受伤或修剪人员受伤。也可采用侧卧法保定，即工作人员站在羊的一侧，一手绕过羊颈下方，紧贴羊另一侧的前肢上部，另一只手绕过后肢紧握住对侧后肢飞节上部，轻托后肢，使羊卧倒，一人压住羊防止乱动，一人进行修剪，见图 6–5–3。

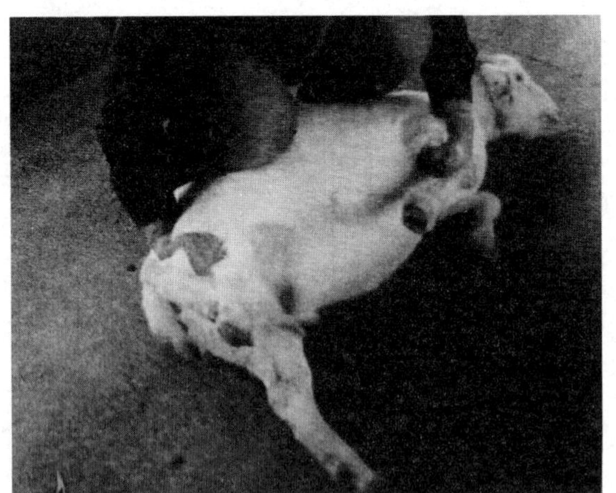

图 6–5–3　羊只保定

（三）蹄部修剪

修蹄时，按照以下操作流程进行修剪：

（1）清除蹄间污物：用修蹄弯刀将羊蹄间污物以及腐烂羊蹄清理干净，方便进行修剪（图 6–5–4）。

（2）剪掉过长的蹄角质：用修蹄钳或修蹄剪将过长的蹄角质剪掉（图 6–5–5）。

（3）削羊蹄周围角质：用修蹄刀（直刀和弯刀）削蹄的边沿、蹄底和蹄叉间，削蹄时要细心操作，一层一层地往下削，不可一次削得太多，以免损伤蹄肉，造成流血或引起感染。修剪时先修剪边缘，再进行内部修剪，注意两蹄瓣以及两腿间修剪高度一致，将羊蹄修剪成中间稍高四周平的“椭圆形”，避免出现一高一低的现象（图 6–5–6）。

（4）磨圆蹄缘：修剪完毕后，将蹄缘锉齐，再将内外蹄的蹄尖磨圆、锉齐（图 6–5–7）。

图 6–5–4　清除蹄间污物

图 6–5–5　剪掉过长的蹄角质

图 6–5–6　削羊蹄周围角质

图 6–5–7　磨圆蹄缘

（四）注意事项

削蹄时注意用手指按压蹄底时要有硬度，削蹄时要一小片一小片地削，不能削大削深，特别注意蹄底出现粉红色时应停止削蹄，再往里削蹄便会出血。如果削蹄过深造成出血，可采用压迫法、烙铁止血或高锰酸钾止血，先用碘酒消毒，将烙铁烧成微红，把蹄底迅速烧烙一下，到止血为止，为避免烫伤，烧烙时应尽量减少对其他组织的损伤。修剪后的羊蹄，要求底部平整，形状方圆，羊只能自然站立。对于严重畸形或腐烂的羊蹄，应多次进行修剪矫正，每隔 10 d 左右修一次，经过 2 ～ 3 次即可矫正蹄形。

任务评价

护蹄与修蹄任务评价见表 6–5–1。

表 6–5–1　护蹄与修蹄任务评价表

评价项目	评价指标	配分	得分
思想道德素质	爱党爱国、理想信念、遵纪守法等表现	15	
基本素质	爱岗敬业、诚实守信、积极进取等表现	10	
通用能力	工作态度、团队协作、沟通能力等表现	10	
专业能力	浴蹄药液的配制	5	
	修蹄工具使用	10	
	蹄部清理	5	
	蹄部软化	5	
	羊只保定	5	
	蹄部修剪	30	
	蹄部出血处理	5	
合 计		100	

任务六　药　浴

任务导读

药浴是肉羊饲养管理不可缺少的一项重要工作，是预防和有效治疗羊体内外寄生虫病的一种重要方法。在饲养过程中为保证羊群健康生长，确保有较高的生产性能，定期对羊群进行药浴，驱杀体外寄生虫十分必要。药浴操作简单、效果明显、经济实用，因此，被规模化肉羊养殖场普遍使用。要达到理想的药浴效果，需要掌握好药浴方法，并注意一些事项，否则不但达不到应有的效果，反而对肉羊的健康不利。

一、程序的制定

药浴实施前需要结合本养殖场肉羊的品种、体外寄生虫的发生情况，以及周边养殖场寄生虫病的发生情况，并结合羊群体外寄生虫病防控的需要，制定适宜的药浴程序，从而保障羊群体外寄生虫病防控工作有序持久地开展。对于没有患体外寄生虫病的羊也需要进行药浴，目的是起到预防的作用。一般情况下，规模化养殖场需要在每年的春秋两季对全群各进行 2 次药浴工作，春季一般安排在 3 ～ 4 月，秋季一般安排在 9 ～ 10 月，并且在每次药浴后的 1 周再重新药浴 1 次，以达到有效的预防效果。对于引进羊群的药浴程序要注意，进行完相关的免疫接种后要先对引进的羊群进行药浴 1 次，经隔离期观察结束确认健康后再进行 1 次药浴，然后再混群饲养。在肉羊养殖过程中，如果发现有个别的羊患有体外寄生虫病，除了要对其进行单独的治疗外，还需要对羊群进行药浴。

二、药液的选择

肉羊药浴常用的药剂主要包含敌百虫、30% 烯虫磷化乳油、50% 辛硫磷乳油、石硫合剂等，配制方法如下：

敌百虫，配制方法是纯的敌百虫粉剂 1 kg 用 200 kg 水稀释；30% 烯虫磷化乳油，浓度是 1 kg 药液用 1 500 kg 水稀释使用；50% 辛硫磷乳油是一种低毒高效药浴剂，配制方法是在 100 kg 水中加入 50 g 辛硫磷乳油；石硫合剂是一种较为安全并且价格低廉的药剂，使用方法是将 7.5 kg 的生石灰和 12.5 kg 的硫磺粉末用水搅拌成糊状，然后再加水煮沸，在煮的过程中不断地搅拌，当液体变为茶色时即可，然后将其倒入容器内沉淀，取其上清液使用。在选择药浴液时要注意不可长时间单一使用，以免产生耐药性。

三、药浴的方法

目前，肉羊药浴的方法包括盆浴、淋浴和池浴 3 种。池浴和淋浴在羊数较多的地区应用比较普遍，盆浴多在羊数较少的地区使用。

（一）盆浴

使用木桶或者水缸，按要求配制好药浴液后即可以进行药浴，在实施时需要两人共同完成，除了肉羊的头部以外，羊体的其他部位都要浸泡在其中，时间约为 2 ～ 3 min，然后将头部急速地浸 2 ～ 3 次，每次不超过 2 s。见图 6–6–1。

图 6–6–1　盆浴

（二）淋浴

淋浴是将羊群赶到沐浴场，开动水泵喷淋，3 min 后等羊体全部浸湿后再关闭水泵，然后将淋过的羊赶到滤液栏中，经过 10 min 左右的时间放出即可。淋浴的优点是容浴量大、速度快、较为安全。见图 6–6–2。

图 6–6–2　淋浴

（三）池浴

池浴是规模化养殖场使用的药浴方法，需要建设药浴池，入口一般设在贮羊圈，羊群在药浴时集中在这里等候，贮羊圈与药浴池间有一条狭窄的过道，以便于羊有序进入，浴池的入口要做好斜坡，便于羊滑入。药浴池的深度为 1 m，长度为 10 ～ 15 m，宽 0.6 ～ 0.8 m，以一只羊能通过但是不能转身为宜。药浴池的出口设有台阶，以使羊安全地出药浴池。另外，羊群药浴后应设有滴流台，羊在出浴后要在滴流台上稍作停留，使身上多余的药液可流回池中。见图 6–6–3、图 6–6–4。

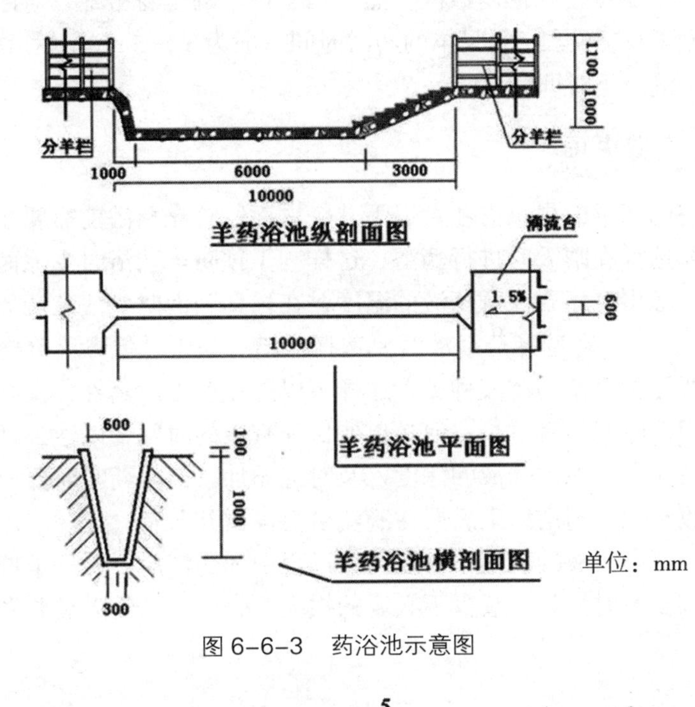

图 6–6–3　药浴池示意图

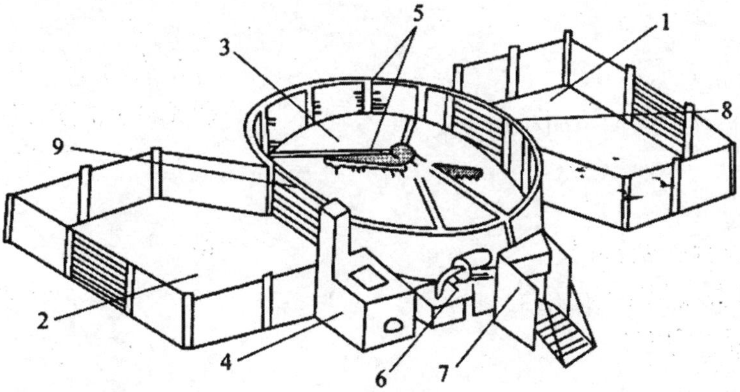

1. 待药浴羊栏；2. 药浴后羊栏；3. 药浴场；4. 水加热装置；5. 喷头；6. 水泵；7. 控制台；8. 药浴场入口；9. 药浴场出口。

图 6–6–4　淋浴式药浴池（肖西山，羊生产，2008）

四、药浴的要点

在进行药浴前需要对羊群进行检查分类，可分为重胎、已患病、体质较弱以及健康的羊，用记号笔进行标记，然后用活动栅分类隔开，然后再按照健康羊、孕羊、体质较弱羊、患寄生虫病羊的顺序进行药浴。在药浴前需要配制药液，要按照所选择的药物使用说明来稀释药液，为了提高药浴效果可以适当地提高浓度，然后确定好药液的使用量，要根据药浴池的深度确定用量，一般要将药液的深度在超过最高羊只背部 15 cm 左右即可。在进行药浴时要按羊群分类依次进行，对于不宜进行药浴的重胎母羊，则暂时停止药浴。在操作时首先将羊头按压入池内数次，然后用手抓羊的全身被毛，对已经患体外寄生虫病羊的患部用刷子反复刮刷，每只羊的药浴时间一般为 3 ～ 5 min，然后将羊放入滴流台，等羊身上没有药液流下时即完成药浴。

五、药浴注意事项

要达到理想的药浴效果仍需注意以下几个方面：首先药浴前需要注意天气情况，关注天气预报，要选择在晴天时进行药浴，这样利于预防羊药浴时受凉而发生感冒，并且有利于羊药浴后晾干。还要注意药液的温度，在稀释药液时要注意调节温度，尽量让温度保持在 20 ～ 26℃。在选择药浴液时要选择广谱、高效、低毒、价格低廉、副作用小的驱虫药，并要经常更换药浴液种类，这样可以防止产生耐药性，提高药浴效果。要控制好药浴的时间，时间不宜过长，但是也要保证有效的时间，以达到理想的效果。药液要现用现配，关注药浴池内药液的深度，及时地添加。肉羊药浴时要分类先后进行。要注意药浴的回收利用，药浴结束后要在滴流台上停留几分钟，让药液流回药浴池，以减少药物的用量，提高药液的利用率。在药浴过程中和药浴后要做好羊群的观察工作，如果发现羊只中毒要及时抢救，减少不必要的损失。另外，工作人员要做好防护工作，以免中毒。

任务目标

通过技能操作，掌握羊的药浴技术。

任务材料

药浴羊、药浴池、药浴用药。

任务实施

一、制定药浴计划

结合本养殖场肉羊的品种、体外寄生虫的发生情况，以及周边养殖场寄生虫病的发生情况，并结合羊群体外寄生虫病防控的需要制定适宜的药浴计划。

二、准备药浴所需材料

木桶、水缸、药浴池等药浴设备，对其进行彻底清洗消毒。

三、药浴前准备

药浴前 8 h 停止喂料，入浴前 2 h 给羊饮足水。对羊群进行检查分类，分为重胎、已患病、体质较弱以及健康的羊，用记号笔进行标记，然后用活动栅分类隔开。

四、选药和配药

按照所选择的药物使用说明来稀释药液，根据药浴池的深度确定用量，一般药液的深度要超过最高羊只背部 15 cm。

五、药浴

（1）按健康等级依次药浴。顺序为：健康羊、孕羊、体质较弱羊、患寄生虫病羊。

（2）药浴后留出足够的晾干时间。药浴完成后，留出 2 ～ 3 h 的时间让羊只在滴流台自由活动，晾干身体上的药浴水。

（3）药浴结束，羊群收圈。

（4）药浴过程中和药浴完成后做好羊群的观察工作，如果发现羊只有中毒现象要及时进行抢救。

药浴任务评价见表 6–6–1。

表 6–6–1　药浴任务评价表

评价项目	评价指标	配分	得分
思想道德素质	爱党爱国、理想信念、遵纪守法等表现	15	
基本素质	爱岗敬业、诚实守信、积极进取等表现	10	
通用能力	工作态度、团队协作、沟通能力等表现	10	
专业能力	药浴计划的制定	10	
	药浴设备准备	10	
	药液配制	10	
	药浴操作	25	
	药浴后处理	10	
合 计		100	

任务七 驱 虫

任务导读

羊的寄生虫病制约着肉羊产业的发展。随着养殖规模的不断扩大，带虫羊粪中虫卵对牧地的污染以及圈舍狭小、密集饲养等因素引起的重复、交叉感染机会增多，导致寄生虫病对羊群的危害日趋严重。患有寄生虫病的羊只，往往食欲降低，生长发育受阻，生产性能下降，抵抗力减弱，重者甚至死亡。寄生虫病已经成为危害肉羊饲养经济效益的主要疾病，因此，务必重视羊体内外寄生虫病的防治。

一、羊只常见寄生虫

（一）蠕虫

消化道线虫、肺线虫、吸虫、绦虫。

（二）昆虫与蛛形纲寄生虫

蜱、螨、虱、蝇、蚤等。

（三）原虫

媒介昆虫传播、经口传播寄生原虫等。

二、驱虫方式

可以通过预防性驱虫和治疗性驱虫两种方式进行驱虫。

（一）预防性驱虫

预防性驱虫是指按时对羊只进行预防性投药的驱虫方式。在牧区多采取 1 年 2 次驱虫的方法，一般在春季和秋末冬初各驱虫 1 次。农区和半农半牧区则多在放牧转入舍饲或舍饲转入放牧前进行 2 次驱虫，以减少羊的感染机会。

（二）治疗性驱虫

治疗性驱虫是指在羊只已发生寄生虫病而进行的驱虫方式。羊群要经常检查寄生虫感染情况。根据病情，适时进行驱虫治疗，对寄生虫感染较重的羊群，可在每年 2 ～ 3

月提前做 1 次治疗性驱虫。

三、驱虫技术

（一）驱虫药的选择

目前寄生虫病的防治手段仍是以化学药物驱杀为主。国内在驱除羊体内外寄生虫时常采用每季度驱虫 1 次或依据查虫结果确定驱虫时间。已经广泛使用的药物有硫双二氯酚、左旋咪唑、丙硫苯咪唑、阿维菌素等。

1. 吸虫、绦虫的驱除

每年春、夏、秋三季各驱虫 1 次，用硫双二氯酚（别丁）按 80 ～ 100 mg/kg 体重配成混悬剂口服。驱绦虫一般多用氯硝柳胺（灭绦灵），内服量每 1 kg 体重 50 ～ 70 mg，投药前停止饲喂 5 ～ 8 h。驱肝片吸虫常用硝氯酚，内服每 1 kg 体重 3 ～ 4 mg，皮下注射每 1 kg 体重 1 ～ 2 mg。

2. 线虫（捻转胃虫、结节虫、肺丝虫等）的驱除

每年春、秋两次或按季驱虫。常用驱虫药为：①左旋咪唑：每 1 kg 体重 5 ～ 10 mg，溶水灌服，或用 5% 注射液肌内或皮下注射。②伊维菌素注射液：每千克体重 0.2 mg，皮下注射。③丙硫苯咪唑：每 1 kg 体重 5 ～ 20 mg，一次口服。

3. 体外寄生虫（螨、蜱、虱、羊鼻蝇等）的驱除

每年春、秋两季，用阿维菌素注射液每 1 kg 体重 0.2 mg 皮下注射，或用阿维菌素预混剂每 1 000 kg 饲料中加 2 g，连用 7 d。

4. 其他

其他一些驱虫新药按说明书使用。

（二）驱虫时间的选择

一般在春秋两季驱虫。如果条件允许，应根据当地寄生虫流行病学和消长规律来确定驱虫时间。在虫体寄生达到高峰前进行驱虫，可有效减少虫体对动物的危害和虫卵对草地、畜舍的污染。也可在育肥抓秋膘前驱虫，以获得更显著的经济效益。为此，应对羊群感染寄生虫情况进行调查。体内寄生虫的一般线虫和绦虫可通过粪便饱和盐水漂浮法检查虫卵，吸虫则用粪便清水沉淀法检查，疥螨可用对病变与健康部位刮下的皮屑进行显微镜观查，以确定该羊群感染寄生虫的种类。

（三）驱虫效果评定

驱虫效果主要通过驱虫前后发病与死亡、营养状况、临诊表现、生产能力、寄生虫情况等 5 个方面的对比来确定。

（1）发病与死亡。对比驱虫前后的发病率与死亡率。

（2）营养状况。对比驱虫前后营养物质的变化。

（3）临诊表现。观察驱虫后临诊症状减轻与消失的情况。

（4）生产能力。对比驱虫前后的生产性能。

（5）寄生虫情况。一般可通过虫卵减少率和虫卵转阴率确定，必要时通过剖检计算出粗计驱虫率和精计驱虫率。

虫卵减少率：指动物服药后，一定量粪便内某种虫卵数与服药前的虫卵数相比所下降的百分率。公式如下：

$$\text{虫卵减少率（\%）}=\frac{\text{投药前 1 g 粪便内某种寄生虫的虫卵数}-\text{投药后该寄生虫的虫卵数}}{\text{投药前 1 g 粪便内某种寄生虫的虫卵数}}\times 100$$

虫卵转阴率：指投药后动物的某种寄生虫感染率较之投药前感染率下降的百分率。公式如下：

$$\text{虫卵转阴率（\%）}=\frac{\text{投药前某种寄生虫感染率}-\text{投药后该种寄生虫的感染率}}{\text{投药前某种寄生虫感染率}}\times 100$$

为了比较准确地评定驱虫效果，驱虫前、后粪便检查时，所有的器具、粪样数量以及操作中每一步骤所用时间要完全一致，同时驱虫后粪便检查时间不宜过早（一般为10～15 d），以避免出现人为误差，进行驱虫试验的效果评定时，应在驱虫前后各检3次。

粗计驱虫率（又称为驱净率）：指投药后驱净某种蠕虫的头数与驱虫前感染头数相比的百分率。公式如下：

$$\text{粗计驱虫率（\%）}=\frac{\text{投药前动物的感染头数}-\text{投药后动物的感染头数}}{\text{投药前动物的感染头数}}\times 100$$

精计驱虫率（又称为驱虫率）：指试验动物投药后驱除的某种蠕虫平均数与对照动物体内平均虫数相比的百分率。公式如下：

$$\text{精计驱虫率（\%）}=\frac{\text{对照动物体内平均虫数}-\text{试验动物体内平均虫数}}{\text{对照动物体内平均虫数}}\times 100$$

为准确评定药效，在投药前应进行粪便检查，根据粪便检查结果（感染强度大小）搭配分组，使对照组与试验组的感染强度相接近。

任务目标

通过技能训练，掌握驱虫药物的选择方法及驱虫时应注意问题、驱虫效果判定方法，并能就具体的羊群制定出可供实施的方案。

任务材料

常用各种驱虫药、塑料饮料瓶、天平、台秤、粪缸、分液漏斗、载玻片、盖玻片、滤纸、烧杯、试管、试管架、体温计、脸盆、毛巾、搪瓷盘、出诊箱、工作服、登记表或卡片、保定动物用具、实习羊群（待驱虫羊群）。

一、驱虫计划制定

根据羊群、寄生虫病的流行情况，在教师和基地兽医人员的指导下，制定驱虫计划。

二、驱虫药的准备

（1）选择驱除种类多，对寄生虫的成虫和幼虫都有高度驱除效果，不具有急性中毒、慢性中毒、致畸形和致突变作用，给药方法简便且价格低的药物。治疗性驱虫应以药物高效为首选，兼顾其他；定期预防性驱虫则应以广谱药物为首选，但主要还是依据当地主要流行寄生虫病来选择。

（2）根据所选药物的要求进行配制。多数驱虫药因不溶于水，需配成混悬液给药，方法是先把淀粉、面粉或细玉米面加入少量水中，搅匀后再加入药粉，继续搅匀，最后加足量水即成混悬液。使用时边用边搅拌，以防上清下稠，影响驱虫的效果与安全。

（3）动物多为个体给药，根据所选药物的要求，选定相应的投药方法，具体投药技术与临床常用给药法相同。如用饲喂法给药时，先按群体体重计算好总药量，将总量驱虫药混于少量半湿料中，然后均匀地与日粮混合，撒于饲槽中饲喂。不论哪种给药方法，均要预先测量动物体重，精确计算药量。

三、驱虫的实施及注意事项

（一）驱虫前

（1）驱虫前应选择驱虫药，计算剂量，确定剂型、给药方法和疗程，对药品的生产单位、批号等加以记载。

（2）在进行大群驱虫之前，应先选出少部分动物做试验，观察药物效果及安全性。

（3）将动物的来源、健康状况、年龄、性别等逐头编号登记。为使驱虫药用量准确，要预先称重或用体重估测法计算体重。

（4）为了准确评定药效，在投药前应进行粪便检查，根据其结果（感染强度）搭配分组，使对照组与试验组的感染强度相接近。

（二）驱虫后

（1）投药前后 1 ～ 2 d，尤其是驱虫后 3 ～ 5 h，应严密观察动物群，注意给药后的变化，发现中毒应立即急救。

（2）驱虫后 3 ～ 5 d 内使动物圈留，以便于将粪便集中进行生物热处理。

（3）给药期间应加强饲养管理。

四、驱虫效果评价

驱虫后要进行驱虫效果评定，必要时进行第 2 次驱虫。驱虫效果主要通过以下内容的对比来评定：

（一）评定内容

发病与死亡、营养状况、临床表现、生产能力、驱虫指标评定。

（二）注意事项

为了较为准确地评定驱虫效果，驱虫前、后所用器具、粪样数量以及操作步骤所用的时间等要完全一致。驱虫后粪便检查的时间不宜过早，一般为 10 ～ 15 d。应在驱虫前、后各进行粪便检查 3 次。

驱虫任务评价见表 6–7–1。

表 6–7–1　驱虫任务评价表

评价项目	评价指标	配分	得分
思想道德素质	爱党爱国、理想信念、遵纪守法等表现	15	
基本素质	爱岗敬业、诚实守信、积极进取等表现	10	
通用能力	工作态度、团队协作、沟通能力等表现	10	
专业能力	驱虫计划制定	15	
	驱虫药准备	10	
	驱虫操作	20	
	驱虫后管理	10	
	驱虫效果评价	10	
合 计		100	

项目七 肉羊疾病诊治与防治

项目目标：

◎正确进行肉羊的临床诊断，对肉羊常见疾病进行诊断与防治

◎正确制定羊场的防疫计划，正确实施羊场的常规消毒和免疫接种

思政目标：

◎培养学生尊重生命、爱护动物的职业素养

◎培养学生分析问题、解决问题的能力

◎树立学生安全意识和规范意识

任务一　预防羊病

任务导读

羊病预防中，要始终坚持“预防为主，防重于治”的原则，严格落实科学的饲养管理、良好的环境卫生、严格的防疫制度和合理的免疫程序等重要措施，定期对羊场进行消毒和免疫。

一、羊场的消毒

消毒是指杀灭或清除外界环境中的病原微生物，切断其传播途径，阻止疫情的蔓延。对养殖场来说，消毒是一项重要的工作，通过羊场消毒能有效防止传染病的发生和传播，控制病原感染，从而有效减少羊的发病率。

羊场的消毒通常采用三种方法，即物理消毒法、化学消毒法和生物消毒法。物理消毒法是应用物理方式杀灭或消除病原微生物及其他有害生物的方法，主要包括自然净化、机械除菌、过滤除菌、热力消毒、辐射灭菌、超声波和微波消毒等，物理消毒主要用于畜禽养殖场设施、饲料、医疗卫生器械、兽医防疫检疫部门、实验材料消毒。化学消毒法是指用化学药物进行消毒的方法，该方法使用方便，不需要复杂的设备，但有一定的毒性和腐蚀性，为保证效果、减少毒害，应按要求和推荐的剂量使用。生物消毒法是利用某些生物活性物质消灭病原微生物的方法，其作用效果缓慢，费用低，多用于规模养殖场废弃物及排泄物的卫生处理。

羊场的消毒主要包括羊舍的消毒、粪便的消毒、污水的消毒和尸体、受污染场地的消毒。

（一）羊舍消毒

羊舍的消毒一般分两个步骤进行：

1. 清扫和刷洗

首先进行机械清扫，机械清扫是做好羊舍环境卫生最基本的一种方法。据研究，通过清扫能够清除大量污物和病原微生物。为了避免尘土及微生物飞扬，清扫时可以先用水或消毒液喷洒，然后对羊舍进行清扫，清扫时要彻底清除粪便、垫料、墙壁和顶棚上的蜘蛛网、尘土等。污物清除后，如是水泥地面，还应再用清水进行冲洗。

2. 消毒药消毒

羊舍清扫干净后，即可用消毒药进行喷洒或熏蒸消毒。健康的羊舍可使用3%漂白粉溶液、3%～5%硫酸石炭酸合剂热溶液、15%新鲜石灰混悬液、4%氢氧化钠溶液、2%甲醛溶液等消毒。已被病原微生物感染的羊舍，应对其运动场、舍内地面、墙壁等进行全面彻底消毒。

此外，在羊场门口应设消毒池，里面盛放2%氢氧化钠溶液或5%来苏尔溶液，以便人、车进出时进行鞋底和轮胎的消毒。消毒池的长度不小于轮胎的周长，宽度与门宽相同，池内的消毒液应注意添换，使用时间最好不超过1周，见图7–1–1。

图7–1–1　车辆消毒池

（二）粪便消毒

羊粪中含有一些病原微生物和寄生虫卵，其常用的消毒方法有掩埋法、焚烧法、化学法和发酵法。

1. 掩埋法

掩埋法是将粪便与漂白粉或新鲜的生石灰混合，埋于地下2 m左右的一种消毒方法。此法易污染地下水且损失了大量肥料，生产中很少采用。

2. 焚烧法

焚烧法是杀灭病原微生物最有效的方法，但大量焚烧粪便会污染空气，因此，只限于患烈性传染病畜禽的粪便。具体的做法是挖1个深75 cm、宽75 cm的坑，在距坑底40～50 cm处加一层铁炉箅子，若粪便潮湿再加些干草，以利于燃烧，点燃时可加些汽油或燃料酒精。

3. 化学法

化学法中常用的消毒剂有漂白粉、20%石灰乳、0.5%～1.0%过氧乙酸、5%～10%硫酸、苯酚合剂等。

4. 发酵法

发酵法是在羊场100～200 m以外的地方设堆粪场，将羊粪堆积起来，上面覆盖10 cm厚的沙土，堆放发酵30 d左右即可用作肥料。此法是粪便处理最实用的方法。见图7–1–2。

图7–1–2　粪便发酵

（三）污水消毒

最常用的污水消毒的方法是将污水引入污水处理池，加入化学药剂进行消毒，如漂白粉。

（四）尸体、受污染场地消毒

被病原污染的场地和尸体用生石灰和氢氧化钠消毒。

二、羊场的免疫

免疫接种又称预防接种，是预防传染病发生或者在某些地区传染病流行暴发时采取的常规或紧急预防措施。常用的接种方法有皮下、皮内、肌肉注射以及皮肤划痕、点眼、滴鼻、喷雾、口服等。

制定免疫程序时，应考虑当地和本场经常发生或流行的传染病。羔羊痢疾、羊快疫、羊猝狙、羊肠毒血症、山羊痘、山羊传染性胸膜肺炎、羊传染性脓疱、羔羊大肠杆菌病和羊小反刍兽疫等疫病在许多地区经常发生，宜列入羊场免疫程序中。布鲁氏杆菌病、羊口蹄疫频发或流行的地区，这两种病也应列入免疫程序中，但在这两种病基本控制的地区则不接种，其防控措施以扑杀、淘汰净化为主。羊气肿疽、羊炭疽、羊伪狂犬病等疫苗多在当地或相邻地区发生疫情时，作为紧急免疫接种使用。羊场常用免疫程序和接种方法见表 7–1–1。

表 7–1–1 羊场免疫程序和接种方法

按时间顺序打疫苗	接种方法	免疫期
2 月底至 3 月初接种羊三联四防苗，羔羊 15 日龄后接种，14 d 后产生免疫力	成年羊和羔羊一律皮下或肌肉注射 1 头份	6 个月
3 月中旬（羔羊 2 月龄）接种羊痘弱毒苗，6 d 后产生免疫力	按说明书剂量，用生理盐水稀释 25 倍，无论大小羊均在尾根或股内侧皮内注射 0.5 mL	1 年
3 月下旬（羔羊 1 月龄，成年母羊产后 1.5 月）接种山羊传染性胸膜肺炎氢氧化铝苗，14 d 后产生免疫力	6 月龄以下每只肌肉注射 3 mL，6 月龄以上每只肌肉注射 5 mL	1 年
3 ～ 4 月（羔羊 7 日龄）接种羊口疮弱毒细胞冻干苗	大小羊均口腔黏膜内注射 0.2 mL	6 个月
3 ～ 4 月接种羔羊大肠杆菌病灭活苗，14 d 后产生免疫力	3 月龄以上皮下注射 2 mL，3 月龄以下注射 0.5 ～ 1 mL	5 个月
3 ～ 4 月（羔羊 4 月龄，公、母羊配种前 1 周和母羊产后 1.5 月）接种羊链球菌氢氧化铝苗	背部皮下注射，6 月龄以下每只 3 mL，6 月龄以上每只 5 mL	6 个月
4 ～ 5 月（羔羊 5 月龄，成年母羊产后 1.5 月）接种布鲁氏杆菌猪型 2 号弱毒疫苗（布鲁氏杆菌病基本控制地区不免疫，阳性羊、3 月龄以下、怀孕母羊、种公羊均不能接种）	皮下、肌肉注射 1 mL 或室内气雾 20 min（均含菌 50 亿）；猪型 2 号弱毒苗还可以饮水免疫，用量按每只羊 200 亿菌体，2 d 内分 2 次饮服用	1 年

续表

按时间顺序打疫苗	接种方法	免疫期
母羊在分娩前 20 ～ 30 日（第 1 次）和间隔 10 d（第 2 次）分别接种羔羊痢疾苗，使羔羊吃乳 10 d 后获得被动免疫	先皮下注射 2 mL，隔 10 d 再皮下注射 3 mL	5 个月
羔羊半月龄后接种羊小反刍兽疫弱毒苗	皮下注射 1 mL	1 年
9 月（羔羊 3.5 月龄，公、母羊配种前 1 周，母羊产后 1 月）接种Ⅱ号炭疽芽孢苗，14 d 后产生免疫力	不论大小皮下注射 1 mL	1 年
9 月接种羊三联四防苗，14 d 后产生免疫力	成年羊和羔羊一律皮下或肌肉注射 1 头份	6 个月
9 月（羔羊 3 月龄以上）接种羊黑疫菌苗	皮下注射，6 月龄以下每只 1 mL，6 月龄以上每只 3 mL	1 年
9 月（羔羊 7 日龄）接种羊口疮弱毒细胞冻干苗	大小羊均口腔黏膜内注射 0.2 mL	6 个月
9 ～ 10 月羔羊大肠杆菌病灭活苗，14 d 后产生免疫力	3 月龄以上皮下注射 2 mL，3 月龄以下注射 0.5 ～ 1.0 mL	5 个月
9 ～ 10 月（羔羊 4 月龄，公、母羊配种前 1 周和母羊产后 1.5 月）接种羊链球菌氢氧化铝苗	背部皮下注射，6 月龄以下每只 3 mL，6 月龄以上每只 5 mL	6 个月

数据来源：黄明睿等，江苏凤凰科学技术出版社，2016

任务目标

学会羊场常规消毒方法，掌握羊常见传染病的免疫程序制定，学会制定符合当地羊场的传染病免疫程序。

任务材料

消毒药、消毒工具、疫苗、注射器等。

一、方法

根据羊场情况制定消毒计划并实施消毒。依据所掌握材料以及传染病和疫苗的特点，制定主要传染病的免疫程序。应注意的是各种疫苗之间的互相干扰问题，在保证免疫效果的前提下尽可能地减少免疫接种次数。

二、步骤

（1）对圈舍、环境进行冲洗、喷雾或熏蒸消毒；
（2）制定羊场综合防疫计划；
（3）制定不同种群的免疫程序；
（4）羔羊预防注射。

预防羊病任务评价见表 7–1–2。

表 7–1–2　预防羊病任务评价表

评价项目	评价指标	配分	得分
思想道德素质	爱党爱国、理想信念、遵纪守法等表现	15	
基本素质	爱岗敬业、诚实守信、积极进取等表现	10	
通用能力	工作态度、团队协作、规范操作等表现	10	
专业能力	选择合适的消毒方法	5	
	药液的配制	5	
	羊场各设施的消毒	25	
	羊只的免疫接种	30	
合　计		100	

任务二　诊断羊病

任务导读

羊抗病能力较强，发病初期不易观察，一旦发现明显症状，再行治疗，则效果不佳。为了及时发现和收集作为诊断依据的症状、资料，应通过问诊、视诊、触诊、听诊、叩诊、嗅诊等基本检查方法，并结合病理解剖和实验室诊断，对羊进行客观的观察和分析，以便确诊。

一、问诊

问诊是通过问答养殖户了解病羊的病史和生活状况，了解羊的发病时间、发病地点，进食前发病还是进食后发病，个体发病或是群体发病，发病地区有无发病史等，病羊是否用药，用药的过程，同时了解养殖户的饲喂情况和管理情况，了解具体的预防接种以及环境情况，通过问诊的方式能够了解羊只的患病情况，之后判断羊只患有何种疾病。

二、视诊

视诊是兽医通过肉眼观察或者在机械设备的帮助下查看羊只异常情况，一般情况下，不需要对羊采取特定的措施，有些羊只可能站立困难，需要做疼痛检查，否则让羊自然站立就可检查。兽医站在适当的位置观察羊，从整体到局部观察，发现异常之后可进一步仔细观察。兽医通过观察精神状态、外表皮肤和皮肤中是否有溃烂等现象来判断疾病。

三、触诊

触诊是兽医通过触摸病羊或者借助工具的作用对病羊的患病部位进行检查，包括浅部触诊、深部触诊和冲击触诊三种。

浅部触诊，通过手轻放于体表且不去按压，该种方法能够判断病羊的外部特征以及心跳情况。深部触诊，使用较大力气对需要诊断的部位进行按压，观察诊断部位的病变情况、发病形状和大小等，主要用于检查肿胀和脉搏等。冲击触诊，手用力触压，一般检查胃部的情况和腹水情况。需要注意的是，有些间接触诊需要借助机械设备进行。在触诊的过程中，保证羊只的安定，在触摸病羊身体时要由大部位到小部位按压，力量从小到大，从周围逐渐向中心靠拢操作。在触诊过程中，要时刻观察羊只的表现情况，才能诊断出羊只是否患有某种疾病。

四、听诊

听诊是利用听诊器检查羊只的内脏器官的音响，从而判断羊只体内是否出现病变，主要应用于心肺和胃肠等器官的检查，在听诊的过程中，需要听取胃肠蠕动音和呼吸音等，还应该保持听诊环境的安静，听诊过程应该轻柔，不能产生较大的摩擦力，以保证听诊的准确性。

五、叩诊

叩诊是通过对羊只叩击产生的声音进行判断，检查器官是否产生病变，在实际诊断的过程中，主要包括直接叩诊和间接叩诊。直接叩诊主要检查羊的脊柱，间接叩诊主要检查羊的肝脏和心脏。

六、嗅诊

嗅诊主要应用于嗅闻病羊的呼出气体、口腔的臭味及病羊所分泌和排泄的带有特殊臭味的分泌物、排泄物（粪尿）以及其他病理产物。如呼出气体及鼻液有特殊腐败臭味是提示呼吸道及肺脏有坏疽性病变的重要线索；尿液及呼出气息有酮味，可提示对羊酮尿症的怀疑；阴道分泌物的化脓，有腐败臭味，可见于子宫蓄脓或胎衣滞留及阴道炎、尿道炎等。

任务目标

了解羊的不同异常行为特点和病理变化，掌握临床检查的六种基本方法。

任务材料

听诊器等。

任务实施

对羊只检查按照以下程序进行：

一、观察羊只的行为

健康羊经常聚集在一起，步态平稳、灵活，休息时多呈半侧卧姿势，躺卧时身体舒展，生人接近时迅速闪躲。病羊常常离群呆立，四肢僵直或行动不便，卧地时出现各种异常姿势，在放牧时，常常落在羊群的最后。

二、观察羊只的采食情况和反刍情况

健康羊采食比较主动，反刍正常，通常在饲喂后 0.5 ～ 1.0 h 开始，每次反刍持续

30～40 min，一昼夜反刍6～8次；病羊食欲下降，反刍异常，出现反刍次数减少或停止反刍的现象。

三、听羊的声音

健康羊发出洪亮而有节奏的叫声；病羊的叫声发生变化，即使不用听诊器也可听见呼吸音或咳嗽声、肠音。

四、观察被毛

健康羊被毛平整不易脱落、有光泽；病羊被毛蓬乱、无光泽。

五、触摸羊角

健康羊角尖凉，角根温和；病羊角根过凉或过热。

六、观察眼睛

健康羊眼珠灵活，明亮有神，眼皮灵活，眼结膜红色；病羊眼睛无神，反应迟钝，眼结膜苍白，有异常分泌物。

七、观察舌头

健康羊舌头呈粉红色，转动灵活，舌苔正常；病羊舌头活动不灵，舌苔薄而色淡。

八、观察口腔

健康羊口腔黏膜为淡红色，无恶臭味；病羊口腔黏膜淡白，流涎或潮红干涩，有恶臭味。

九、观察鼻镜

健康羊鼻镜湿润；病羊鼻镜干涩。

十、观察粪尿

健康羊粪便呈球形，表面湿润光滑，呈暗绿色，干而不硬，落地后变形或用手轻压即碎，没有难闻的气味；发生各型肠炎、肠毒血症及某些传染病或寄生虫病时，粪便呈稀粥状或稀水状，有时混有小气泡或混有大量黏液、血液，气味恶臭；羔羊患痢疾时，排出灰白或灰黄色的稀粪。健康羊尿液清亮、无色或稍黄，变为红色说明尿道有出血或红细胞大量破坏而产生血红蛋白尿；急性肾炎或化脓性肾盂肾炎时，尿液混浊，有时呈乳白色。

任务评价

诊断羊病任务评价见表7-2-1。

表 7-2-1 诊断羊病任务评价表

评价项目	评价指标	配分	得分
思想道德素质	爱党爱国、理想信念、遵纪守法等表现	15	
基本素质	爱岗敬业、诚实守信、积极进取等表现	10	
通用能力	工作态度、团队协作、规范操作等表现	10	
专业能力	问诊	15	
	视诊	10	
	触诊	10	
	听诊	10	
	叩诊	10	
	嗅诊	10	
合 计		100	

任务三　治疗羊病

任务导读

肉羊生产中，羊病的治疗是减少损失获得最高效益的必要手段，是保证肉羊产业持续发展的关键因素。针对不同疾病，应给出合理的治疗方案和正确的药物及给药方法，通常采用药物治疗和手术治疗。

一、药物治疗

（一）口服法

口服法是将药物拌入饲料或水中，羊可自由采食或通过水剂口服。水剂口服是在药物中加适量的水，制成混悬液，装入橡皮瓶、长颈玻璃瓶或一般的长颈酒瓶中，抬高羊的嘴巴，给药者右手拿药瓶，左手用食、中二指从羊右口角伸入口中，轻轻压迫舌头，羊口即张开，然后，右手将药瓶口从左侧口角伸入羊口中，并将左手抽出，待瓶口伸到舌头中段，即抬高瓶底将药送入，对于易打呛的药可一口一口地灌，咽下后再灌。羊如鸣叫或打呛时，应暂停灌服，到羊安静时再灌服。对于羔羊，可用 10 mL 注射器（不要针头）吸水剂药物直接注入口咽部，使羊吞咽内服。

（二）注射法

注射法是指将灭过菌的液体药物用注射器注入羊的体内。注射前要将注射器和针头用净水洗净，煮沸 15 min 以上再用。注射器吸入药液后要直立，推进注射器活塞，排除管内气泡后，用酒精棉球包住针头，准备注射。常用的注射法有以下几种：

1. 皮内注射法

皮内注射法多用于羊痘预防接种。部位一般在尾巴内面或股内侧。方法：如在尾下，一般采用以左手向上拉紧尾部，使注射部位皮肤绷紧，右手持注射器（1 mL 的针管，5 ～ 6 号针头），在确实的保定下，将针头刺入真皮内，然后把药液注入，使局部形成豌豆大的水泡样隆起，拔出针头即可。

2. 皮下注射法

皮下注射是把药液用注射器注射到羊的皮肤和肌肉之间。部位是在颈部或股内侧皮肤松弛处。注射时，先把注射部位的毛剪净，涂上碘酒，用左手拇指、中指捏起注射部位的皮肤，食指在前端压一小凹，右手持注射器用针头沿左手食指前沿刺进皮肤下面，如针头能左右自由活动，回抽无血，即可注入药液。注完拔出针头，在注射点上涂擦碘酒。如药液较多可分点注射。凡易于溶解、无刺激性的药物及疫苗等，均可进行皮下注射。

3. 肌肉注射法

肌肉注射是将灭菌的药液注入肌肉比较多的部位。羊的注射部位一般是在颈部。注射方法基本上与皮下注射相同，不同之处是：注射时以左手拇指、食指呈“八”字形压住所要注射部位的肌肉，右手持注射器针头，向肌肉组织内垂直刺入，对于瘦羊，应斜向刺入，以防伤到骨骼，回抽无血，即可注药。一般刺激性小，吸收缓慢的药液，如青霉素、链霉素等均可采用肌肉注射。

4. 静脉注射法

静脉注射是将已经灭菌的药液直接注射到静脉内，使药液随血液很快分布到全身，迅速发生药效。羊的注射部位是颈静脉的上 1/3 与中 1/3 的交界处。注入方法是先把注射部位剪毛消毒后，用左手按压静脉靠近心脏的一端，使其努张，右手持注射器，将针头向上刺入静脉内，如有血液回流，则表示已插入静脉内，然后用右手推动活塞，将药液注入。药液注射完毕后，左手按住刺入孔，右手拔针，按压一会儿，在注射处涂擦碘酒即可。如药液量大，也可使用静脉输入器，刺入方法同静脉注射，凡输液（如生理盐水、葡萄糖溶液等）以及药物刺激性较大，不宜皮下或肌肉注射的药物多采用静脉注射。输液时速度不要过快，天冷时药液温度低时应加温后进行。

（三）灌服给药法

1. 胃注药法

胃注药法主要针对一些易引起打呛的药物，如醋、中药冲剂等药物的灌服。胃管前端涂少量液体，胃管可从鼻孔插入或外套一约 15 cm 长的钢管从口中插入，插时若羊反抗剧烈、咳嗽，应拔出重插，插入后，用拇指和食指捏压气管后部，应能捏到胶管的存在，必要时可配合拉送胶管确定胶管是否已插入食道。在确定胶管已插入食道前不可把胶管放入液体内，否则易导致异物性肺炎。此法适用于羊瘤胃鼓气时放气。

2. 灌肠注药法

灌肠注药法是向直肠内注入药液，常在直肠炎、大肠炎、便秘时使用此法。方法是让羊站立保定，在橡皮管前端涂上凡士林，插入直肠内，把橡皮管的盛药部分提高到超过羊的背部，使药液注入肠腔内。药液注完后，拔出橡皮管，用手压住肛门，以防药液流出。注液量一般在 100 ～ 200 mL 之间。也可采用人工授精保定法注入药液，即由助手将羊头夹在两腿中间，提举羊的两后肢，使其头部朝下，然后进行直肠注药，数分钟后再放下后肢，任其自由排出灌肠液体。

（四）瘤胃穿刺注药法

瘤胃穿刺注药，常用于瘤胃鼓气放气后，为防止胃内容物继续发酵产气，可注入止酵剂及有关药液。有些药液（如四氯化碳、驱虫剂）刺激性强，经口入消化道反应强烈，可采用瘤胃穿刺注药。方法：如果瘤胃鼓气，穿刺部位是在左肷窝中央鼓气最高的部位，局部剪毛，用碘酒涂擦消毒，将皮肤稍向上移，然后，将套管针或普通针头垂直地或朝右侧肘头方向刺入皮肤及瘤胃内，气体即从针头排出。如鼓气严重，应间断放气，气放完后再注入相应的药物；如为泡沫性鼓气应先注入适量的消沫剂才能放出气体，然后，用左手指压紧皮肤，右手迅速拔出针头，穿刺孔用碘酒涂擦消毒。如注射驱虫剂或其他药物，穿刺部位是在左肷部髋结节与最后肋骨所引水平线的中间，距腰椎横突 5 ～ 10 cm 处。

（五）腹腔穿刺注药法

腹腔的容积较大，很多药液可以通过腹膜的吸收作用达到治疗的目的，一般用于补充体液与营养物质及腹腔透析，以治疗内脏某些疾病。部位是在右肷部。方法是先剪毛、消毒，取长针头刺入腹腔，针头刺进后能左右活动，再接上带药的注射器或输液器，徐徐将药注入即可。如用大量液体进行透析疗法时，应待药物在腹腔内停留 30 ～ 60 min 后，于腹下部脐前 5 ～ 10 cm 处，用长针头穿刺腹腔壁并进入腹腔，排出多余的积液。

（六）气管注药法

气管注药法是将药液直接注入气管内。注射时多采用侧卧保定，且头高臀低，皮肤消毒后将针头穿过气管软骨环之间，垂直刺入，摇动针头能自由活动，接上注射器，抽动活塞见有气泡，即可将药液缓缓注入。如欲使药液流入两侧肺中，则应注射两次，第二次注射时，将羊翻转，卧于另一侧。该法被用于治疗气管炎、支气管和肺部疾病，也常用于肺部驱虫（如羊肺丝虫病）。

（七）皮肤表层涂药法

皮肤表层涂药法多在羊患有疥癣、虱、皮肤湿疹、外伤、口疮等时采用，就是将药物直接涂到病变部位表面。如羊患疥癣时，将患处用温水洗净，刮去干燥的皮屑，再把调好的敌百虫油剂涂到患部即可。如患乳房炎可在乳房外部涂抹一些相应的药物。

抓羊方法抓：羊应抓羊腰背处的皮毛，注意不可直接抓腿；不可将羊按倒在地使其翻身，因羊肠细而长，这样易造成羊肠扭转羊只死亡。羊抓住后，人骑在羊背上，用腿夹住羊的前肢固定好，便可给羊注射了。打针方法如下：

1. 肌肉注射

在羊的颈部上 1/3 处（肩胛前缘部分），先用碘酒局部消毒，注射时用左手拇指、食指呈“八”字形压住肌肉，再推药液。注射完毕拔出针头，针孔用碘酒消毒。

2. 皮下注射

先用碘酒消毒羊颈部，用左手拉起羊的皮肤呈三角形皱襞，右手拿起注射器将针头刺入皮下，如针头能左右自由活动便可推入药液。注射后拔针，针孔用碘酒消毒。

3. 静脉注射

静脉注射部位为羊耳部或颈部，剪除注射部位羊毛，用碘酒消毒，用手拍打静脉，将针头刺入顺血管平推，如有血液回流入针管，则可慢慢地推入药液，注射完后拔针，并对针孔消毒。驱血液原虫多采用静脉注射法，其药物多有一定的毒性及刺激性，在临床上常因注射处理不当而引起局部坏死。这里介绍笔者多年实践总结出的经验：一是注射液的处理，先按要求稀释好注射液，再按每只羊加 5% 的葡萄糖溶液 20 mL 左右稀释；二是选好注射针头；三是严格控制用药量。

二、手术治疗

手术治疗主要针对药物治疗效果不佳且有经济价值的羊。常见有羊腹腔手术和羊的圆锯术等。羊腹腔手术治疗的疾病有尿结石、肠套叠、肠扭转、难产等，羊的圆锯术主要治疗羊脑病，如脑包虫、额窦炎等。

任务目标

熟悉不同药物的作用特点，掌握各种药物的给药途径和方法，了解手术治疗的适宜疾病和适应征。

任务材料

羊只、药剂、给药用具、注射器、输液器、碘酊和酒精棉球、生理盐水等。

任务实施

一、注射法

（一）皮下注射

注射部位消毒后，用左手捏起皮肤，右手持注射器从皮肤皱褶处刺入，注射完药物后，用酒精棉球轻轻按压。

（二）肌肉注射

注射部位消毒后，将针头与皮肤成 45° ～ 90° 刺入肌肉，回抽无血后，方可注射。

（三）静脉注射

注射部位消毒后，用左手按压静脉靠近心脏的一端，使其努张；右手持注射器，将针头向上刺入静脉内，然后右手推动活塞，将药液注入。药液注射完毕后，左手按住刺入孔，右手拔针，按压一会儿，在注射处涂擦碘酒即可。

二、口服给药

（一）投服片剂

事先用水润滑药物，用镊子或手指夹住药物，将药物放在羊的舌根，使其咽下。

（二）投服液体药物

将液体药物装于长颈玻璃瓶，一手将一侧口角拉开，自口角缓慢注入药物。

（三）灌肠法

将羊站立保定，助手抬起尾巴，用温水将肛门周围清洗干净，一手提灌肠器吊筒，另一手将灌肠器缓慢插入肛门，高举吊筒，使药物流入直肠。

治疗羊病任务评价见表 6-3-1。

表 6-3-1　治疗羊病任务评价表

评价项目	评价指标	配分	得分
思想道德素质	爱党爱国、理想信念、遵纪守法等表现	15	
基本素质	爱岗敬业、诚实守信、积极进取等表现	10	
通用能力	工作态度、团队协作、规范操作等表现	10	
专业能力	皮下注射	10	
	肌肉注射	15	
	静脉注射	15	
	投服片剂	5	
	投服液体药物	10	
	灌肠法	10	
合　计		100	

参 考 文 献

[1] 马天艺 . 肉羊药浴的方法及注意事项 [J]. 现代畜牧科技 ,2020(12):124–125.

[2] 杨志操 . 羔羊去角不同方法的利与弊 [J]. 养殖与饲料 ,2021,20(8):50–51.

[3] 陈克青 , 刘金文 . 公羊去势技术 [J]. 畜牧兽医杂志 ,2020,39(1):85–86.

[4] 王秀清 . 肉羊早期断尾技术 [J]. 中国畜牧业 ,2013(2):86.

[5] 李国江 . 动物普通病 [M]. 北京 : 中国农业出版社 ,2018.

[6] 顾剑新 , 路桂平 . 动物外科与产科 [M]. 北京 : 中国农业出版社 ,2012.

[7] 吴敏秋 . 动物外科与产科 [M]. 北京 : 中国农业出版社 ,2021.

[8] 黄明睿 , 朱满兴 , 王锋 . 肉羊标准化高效养殖关键技术 [M]. 南京 : 江苏凤凰科学技术出版社 ,2016.

[9] 路佩瑶 . 轻松学养肉羊 [M]. 北京 : 中国农业科学技术出版社 ,2014.

[10] 李键 , 王永 . 肉山羊高效安全生产技术 [M]. 北京 : 中国农业出版社 ,2014.

[11] 曹斌云 , 白跃宇 . 波尔山羊高效繁育与饲养 [M]. 郑州 : 中原农民出版社 ,2002.

[12] 张进国 . 牛羊病防治 [M]. 北京 : 中国农业出版社 ,2006.

[13] 张英杰 . 羊生产学 [M]. 北京 : 中国农业大学出版社 ,2015.

[14] 赵有璋 . 羊生产学 [M]. 北京 : 中国农业出版社 ,1995.

[15] 陈晓华 , 刘海霞 . 牛羊生产技术 [M]. 北京 : 中国农业科学技术出版社 ,2012.

[16] 杨和平 . 牛羊生产 [M]. 北京 : 中国农业出版社 ,2001.

[17] 黄修奇 , 何英俊 . 牛羊生产 [M]. 北京 : 化学工业出版社 ,2009.

[18] 肖西山 , 郑中朝 . 羊生产 [M]. 北京 : 中国农业出版社 ,2008.

[19] 程凌 . 养羊与羊病防治 [M]. 北京 : 中国农业出版社 ,2006.

[20] 岳炳辉 , 闫红军 . 养羊与羊病防治 [M]. 北京 : 中国农业大学出版社 ,2011.

[21] 岳炳辉 , 任建存 . 养羊与羊病防治 [M]. 北京 : 中国农业出版社 ,2014.

[22] 陈玉林 . 羊的生产与经营 [M]. 北京：高等教育出版社 ,2002.

[23] 任建存 , 杨艳玲 . 牛羊生产 [M]. 郑州：河南科技出版社 ,2012.